含章 新实用

美食菜谱 / 中医理疗
阅读图文之美 / 优享健康生活

做饭做面

轻松就上手

生活新实用编辑部　编著

江苏凤凰科学技术出版社

懒人最爱~
超方便500道面和饭

面&饭是中国人最常吃的主食，在人们的一日三餐中向来都是必不可少的角色，也因此被人们根据各自的口味和饮食习惯做成了各具特色、千变万化的美食。从最简单的**拌饭、拌面**开始，加点配料加工成**炒饭、烩饭、炒面**；加点汤就可以变成**粥、汤面**；加奶酪焗一下就能变成热腾腾的**焗饭或焗面**……怎么变都好吃。面和饭本身是主食，与各种配料一起烹饪后，就成了有配菜有主食的各式全新美食，即能吃饱又能吃好，省去了每顿饭都要弄几盘菜上桌的烦恼，是单身族、学生族以及懒人族的一大福音。**本书收录了近500道**最具人气的面饭料理，现在就跟着本书轻松学着做吧。

目录 CONTENTS

250碗饭 天天换口味吃

饭料理 中式篇

049 三文鱼炒饭、咸鱼鸡粒炒饭

050 菠萝炒饭、粤式炒饭

051 咖喱炒饭、青椒牛肉炒饭

052 扬州炒饭、香肠蛋炒饭、腊味炒饭

053 芦笋炒饭、翡翠炒饭

054 猪肉味噌炒饭、素香炒饭、五谷炒饭

055 泡菜炒饭、羊肉炒饭

056 银鱼炒饭、生菜牛肉炒饭、腐皮煎饭卷

057 萝卜干肉炒饭、荷叶蒸炒饭

简餐饭

058 焢肉饭、猪脚饭

059 酥炸鸡腿饭、香酥排骨饭

060 辣子鸡丁饭、肉末茄子饭

061 橙汁虾仁饭、虾仁饭

062 糖醋排骨饭、洋葱滑蛋浇饭

063 窝蛋牛肉饭、瓜仔豆角饭

064 鸡肉蘑菇饭、芒果炒鸡柳饭

065 干烧牛肉饭、洋葱炒牛肉饭

066 剁椒蒸鳕鱼饭、蒜苗香肠饭

067 罗勒三杯鸡饭、鲜虾饭

068 鲷鱼豆腐丁饭、水波蛋芦笋饭、锅巴饭

069 香菇饭、雪笋饭、素菜饭

070 蒜泥白肉饭、洋葱炒咸猪肉饭
    小鱼干拌饭

071 沙茶牛肉饭、芥末炸鱼片饭、三杯鱿鱼饭

072 葱油鸡腿饭、坚果鸡丝饭

烩饭

073 滑蛋虾仁烩饭、照烧鸡块饭

074 宫保鸡丁烩饭、沙茶滑蛋牛肉烩饭

075 三鲜烩饭、咕噜肉烩饭

076 罗汉斋烩饭、广州烩饭

077 牛肉烩饭、蔬菜咖喱烩饭

078 滑蛋牛肉烩饭、薏米牛肉烩饭

079 牡蛎烩饭、蒜香鱼丁烩饭

080 葡式烩饭、西红柿蛋烩饭、香菇鸡肉烩饭

081 京酱肉丝烩饭、咖喱鸡肉烩饭

082 什锦海鲜烩饭、土豆鸡烩饭

煲仔饭

083 上海青煲仔饭、鸡粒煲仔饭

084 牡蛎煲仔饭、咖喱煲仔饭

085 牛肉煲仔饭、红薯煲仔饭

饭团、油饭

086 葱花蛋饭团

087 肉松卤蛋饭团、酸菜饭团

粥品

088 皮蛋瘦肉粥、滑蛋牛肉粥

089 广东粥、台式咸粥

090 猪肝粥、双色红薯粥

091 海鲜粥、虱目鱼粥

092 鱼片粥、银鱼粥、虾仁粥

093 牡蛎粥、干贝牛蛙粥、味噌海鲜粥

094 人参鸡粥、竹笋粥

095 八宝粥、桂圆燕麦粥

096 紫米粥、南瓜粥

250 碗面 天天吃不腻

面料理 西式篇

210 学会三大基本酱汁就好吃

面料理
日韩东南亚篇

备注:

全书1大匙（固体）≈15克

1小匙（固体）≈5克

1杯（固体）≈227克

1大匙（液体）≈15毫升

1小匙（液体）≈5毫升

1杯（液体）≈240毫升

烹调用油，书中未具体说明者，均为色拉油。

250碗

碗

饭 天天换口味吃

以米面为主食的我们，一日三餐中常常少不了美味的米饭。纵观世界各地，米饭的料理方式远比我们想象的更为多样。本篇以中式、西式、日韩东南亚三大类的各式米饭料理为主，像是炒饭、烩饭、卤肉饭、拌饭、菜饭、煲仔饭、盖饭、炖饭、香料饭等各式米饭料理样样都包含其中。喜欢吃米饭料理的你马上跟着来做一碗吧！

这样煮饭最好吃

必须了解煮饭的原理，才能掌握好吃的秘诀喔！

　　米加温水浸泡后煮，可使其更易吸收水分，而缩短煮熟时间，如没经温水浸泡就煮，较易产生外软内不熟的情况。且经温水浸泡后煮，既省电又可使其较好吃，所以煮饭前如时间充裕，可先以温水浸泡。

米饭

未浸泡	粳米：水 = 1：1.2~1.5杯
浸泡后	粳米：水 = 1：1.1~1.2杯

煮饭步骤

1.用量杯取出食用的米量。

2.以冷水冲去米粒表层糠粉后，放置于筛网中沥干。

3.将米粒用手捧起，互相摩擦。

4.将米粒的水分沥干，再重新浸泡至清水中。

5.将米粒泡在冷水中30~60分钟。

6.沥干水分。

7.将沥干的米放入电饭锅中。

8.在内锅中加入适量的水，盖上锅盖子后按下开关键。

洗出好味道

    米粒表面因去糠后会残留许多糠粉，如没有充分洗净，则煮后的米饭容易变黄，产生馊臭味。虽然洗米时易使米中的水溶性维生素流失，但洗不干净，人吃了反而会有损健康，所以正确的洗米观念是很重要的。

    首先，前1~2次的洗米，要快速地换水，以冲去表层糠粉，然后再将米粒捧起互相摩擦，使糠粉完全去除，再泡至清水中仔细冲洗1次即可，此时米已吸收原本重量约10%的水分。

浸泡米的时间

    米在水中浸渍，可使米吸收水分，而缩短煮熟时间，如没经浸泡，较易产生外软内不熟的情况。另因经浸泡后再煮既省电又可使米较好吃，所以浸水的功夫也很重要。首先泡30分钟，米会急速吸水，约到60分钟会达到高点，膨胀为原体积的2倍大小。另因米种的不同，浸泡的时间也会不同，通常糙米因较硬，需时较久。此外，旧米或水温较低亦会影响浸泡时间的长短。

煮饭加热三大阶段

    加热的过程主要是使米中的淀粉充分糊化，使米充分吸收水分，而不会产生多余的游离水。通常分为三阶段，而且在煮饭过程中绝不可打开锅盖，以免造成米不熟的状况。若想让米饭更好吃，在米中加盐再煮，可去除米的涩味，使风味更鲜甜。

第一阶段

    温度上升阶段：刚开始温度会上升至90℃以上。

第二阶段

    沸腾阶段：未被吸收的水沸腾至100℃左右，米会快速翻动。

第三阶段

    保温阶段：此阶段因水已蒸发为水蒸气，故温度略降，达到水蒸气的保温状态。

加多少水是成功的关键

    加水量关乎成饭后的状态和软硬度，要煮出适度香软又带Q感的米饭，必须注意加水量。一般粳米、糯米洗净沥干，放置30~60分钟后的加水量1：0.8~1倍（米：水），而外锅的加水量约1量杯（200毫升）；糙米、发芽米洗净沥干，放置2小时以上的加水量1：1.2~1.5倍，而外锅的加水量约2杯。但依米种的不同或混合烹煮，及个人的喜好，可斟酌增减水量。

电饭锅

    目前的电饭锅比传统电饭锅在功能上增加不少，有锅盖加压，电脑化的加热调节，保温性的提升，及外形的变化设计，更甚连煮何种米都可控制调节。通常电饭锅的保温为70~75℃，可保温数小时之久；但如保温过久，会影响饭的品质，软烂过度易影响风味，所以要避免保温超过8小时以上。

这样 选购 与 储 藏 最正确

选购好米绝招

面对市场上不同种类、不同品牌、不同价位的米，该如何选购？

绝招1

避免选购有破裂受损、有斑痕的米

破裂受损的米，在淘洗时可能会完全断裂，炊煮过后口感会太黏，严重影响风味与口感。

绝招2

选择充实饱满、颗粒大小均一、半透明的米

颜色过白的米代表尚未成熟，米心即使煮熟之后仍会太硬，影响口感，因此要选择米粒充实饱满、颗粒大小均一、半透明的米为佳。

储藏米粒重点

中国南方地区高温多湿，大米储存若稍有不慎，容易造成米粒变黄、失去光泽，品质劣变，煮出来的米饭黏度降低，弹性消失，组织变硬，吸水性增加，一点也不好吃。因此买米回家后，正确的贮藏方法可保持米的鲜度，使风味不变。

绝招1

需储放在阴暗、干燥、低温的地方

米买回家以后，应该马上放置在清洁保鲜密封袋、保鲜盒里，或以桶盛装，并储放在阴暗、干燥、低温的地方。

绝招2

开封后未能于短期内食用完的大米应置于冰箱中

冰箱里低温，干燥，阴凉而且不容易受到虫类适温生长的侵袭，完全符合保存米的环境要求，能确保米的新鲜度及口感。冰箱里的蔬果保鲜室温度最适合米的保存，但请注意：不要将米放在冰箱内冷气出风口前，因为过度的干燥与低温也会影响米的品质。

绝招3

注意保存期限

一般在5~10℃中储存，保存期限为3个月；在室温储存其保存期限，夏季为1个月，冬季为2个月。真空包装或充二氧化碳包装的米，在5~10℃或15~20℃中储存，保存期限为8个月；在室温储存为5个月。

绝招4

不宜一次性买太多

小包装形式的米，只是量的不同，并不能永久保持品质不变。故购买小包装米时，应考虑食用量，不宜一次性买太多。购买时应认明碾制日期及保存期限。

饭料理
中式篇

中式料理中米饭是不可缺少的主食之一，正因如此吃法变化也相当多样，料理方式就涵盖了蒸、煮、炒、煲等多种烹调法，从路边摊上常见的卤肉饭到餐厅中的煲仔饭都非常美味。

卤肉饭、肉臊饭

01 北部卤肉饭

材料 ＊ Ingredient
猪肉泥········ 600克
猪皮········· 150克
红葱头······· 80克
蒜泥········· 15克

调味料 ＊ Seasoning
A 白胡椒粉···· 1/4小匙
　五香粉········· 少许
　肉桂粉········· 少许
B 酱油········ 150毫升
　米酒········· 50毫升
　糖··········· 1大匙
　糖色·········· 1大匙

做法 ＊ Recipe
1. 红葱头洗净，切末备用。
2. 热锅，加入适量的色拉油，再放入红葱头末与蒜泥爆香，用小火炒至呈金黄色后捞出，备用（保留锅中油分）。
3. 将猪皮洗净，放入开水中煮20分钟，捞起切小块备用。重新加热做法2的炒锅，放入猪肉泥炒至肉色变白。
4. 加入爆香的红葱头末、蒜泥和五香粉炒香，续加入肉桂粉和剩余调味料炒至入味。
5. 加入切碎的猪皮块和煮猪皮的高汤。
6. 煮滚后，转小火并盖上锅盖，再煮约90分钟即可（食用时取适量淋于米饭上）。

02 南部卤肉饭

材料 ＊ Ingredient
猪肉泥········ 600克
猪皮········· 150克
红葱头······· 80克
蒜泥········· 15克

调味料 ＊ Seasoning
白胡椒粉····· 1/4小匙
酱油········ 150毫升
米酒········· 50毫升
糖··········· 3大匙

做法 ＊ Recipe
1. 红葱头洗净切末，与蒜泥一起放入烧热的油锅中爆香，用小火炒至呈金黄色后捞出，备用（保留锅中油分）。
2. 将猪皮洗净，放入开水中煮20分钟，捞起切小块备用。
3. 重新加热炒锅，放入猪肉泥炒至肉色变白。
4. 加入爆香的红葱头末、蒜泥和所有调味料炒香。
5. 再倒入做法2中煮猪皮的高汤、猪皮块，煮滚后转小火并盖上锅盖。
6. 再煮约90分钟，煮至汤汁浓稠即可（食用时取适量淋于米饭上）。

03 手切卤肉饭

材料 ∗ Ingredient

五花肉 ········· 300克
猪皮 ··············· 50克
蒜泥 ··············· 15克
红葱头末 ········· 适量
洋葱碎 ··········· 少许
高汤 ········· 900毫升

调味料 ∗ Seasoning

酱油 ··············· 6大匙
冰糖 ··············· 2大匙
糖色 ··············· 1小匙
米酒 ··············· 4大匙
五香粉 ··········· 1小匙
肉桂粉 ··········· 1小匙

做法 ∗ Recipe

1. 将五花肉和猪皮洗净，放入开水中汆烫一下，再一起放入开水中煮20分钟。
2. 将五花肉捞起切细条，猪皮捞起切细条。
3. 热油锅，放入五花肉条、猪皮条炒香。
4. 放入蒜泥和红葱头末炒香，再放入洋葱碎和所有调味料。
5. 倒入高汤煮滚，转小火并盖上锅盖，再煮约90分钟，煮至汤汁浓稠即可（食用时取适量淋于米饭上）。

04 香菇卤肉饭

材料 ∗ Ingredient

五花肉 ········· 600克
（绞碎）
香菇 ··············· 10朵
红葱头末 ········· 30克
高汤 ········· 700毫升

调味料 ∗ Seasoning

酱油 ········· 100毫升
冰糖 ··············· 1大匙
米酒 ··············· 2大匙
胡椒粉 ········· 1/2小匙

做法 ∗ Recipe

1. 香菇泡软切丝，备用。
2. 热锅，加入3大匙色拉油，爆香红葱头末至金黄色，取出备用。
3. 重新加热原锅，放入香菇丝炒香，再放入绞碎的五花肉炒至肉色变白，续加入所有调味料炒香后熄火。
4. 取一砂锅，倒入做法3的材料，再加入高汤煮滚，煮滚后转小火并盖上锅盖，续煮约1小时后加入做法2的红葱酥，再煮约10分钟即可（食用时取适量淋于米饭上）。

05 炸酱卤肉饭

材料 * Ingredient

粗猪肉泥 …… 400克
豆干 …………… 200克
豌豆 …………… 30克
红葱头末 …… 30克
蒜泥 …………… 10克
水 ……… 800毫升

调味料 * Seasoning

甜面酱 ………… 2大匙
豆瓣酱 ………… 2大匙
酱油 …………… 1大匙
糖 …………… 1/2大匙

做法 * Recipe

1. 豆干洗净切细丁，备用。
2. 热锅，加入4大匙色拉油，放入豆干丁炒香取出，加入红葱头末和蒜泥爆香，再加入粗猪肉泥炒香至颜色变白。
3. 再放入所有调味料炒香，加入水煮至滚，转小火续煮45分钟，再放入豆干丁及豌豆拌匀，再续煮至入味即可（食用时取适量淋于米饭上）。

06 香椿卤肉饭

材料 * Ingredient

猪肉泥 ………… 400克
蒜泥 …………… 20克
姜末 …………… 10克

香椿酱 ………… 80克
香椿卤肉汁 …… 适量

做法 * Recipe

1. 热锅，加入1大匙色拉油，加入蒜泥和姜末爆香，再放入猪肉泥炒至变色。
2. 加入香椿酱炒香，再倒入香椿卤肉汁。
3. 用大火煮至滚，再转小火并盖上锅盖，续煮40分钟即可（食用时取适量淋于米饭上）。

香椿卤肉汁

材 料： 水700毫升
调味料： 酱油2大匙、蚝油1大匙、冰糖1大匙、盐少许、米酒2大匙
做 法： 将水放入锅中煮滚，再加入所有调味料煮至均匀即可。

07 洋葱卤肉饭

材料＊Ingredient
五花肉 ………… 600克
洋葱丝 ………… 180克
八角 …………… 2粒
油葱酥（油炸后的红葱
头末）………… 10克
水 ……… 1100毫升

调味料＊Seasoning
酱油 ………… 120毫升
糖 …………… 10克
肉桂粉 ………… 少许
白胡椒粉 ……… 少许
花椒粉 ………… 少许

做法＊Recipe
1.五花肉洗净切丝备用。
2.热锅，加入3大匙色拉油，放入洋葱丝炒软至香后取出。
3.锅中放入五花肉丝炒至油亮，加入所有调味料炒香，再倒入水煮滚，转小火续煮40分钟。
4.再放入炒过的洋葱丝和油葱酥，续煮20分钟即可（食用时取适量淋于米饭上）。

08 笋丁卤肉饭

材料＊Ingredient
五花肉 ……… 400克
沙拉笋 ……… 200克
蒜泥 ………… 20克
油葱酥 ……… 10克
水 ……… 1000毫升

调味料＊Seasoning
酱油 ………… 90毫升
酱油膏 ……… 40克
冰糖 ………… 1小匙
味酥 ………… 3大匙
米酒 ………… 1大匙
白胡椒粉 ……… 少许

做法＊Recipe
1.五花肉洗净切细丁；沙拉笋洗净切细丁，备用。
2.热锅，加入3大匙色拉油，加入蒜泥爆香，放入五花肉丁炒香至颜色变白。
3.在锅中放入所有调味料炒香，加入笋丁炒均匀，再加入水煮滚，再转小火煮40分钟。
4.最后加入油葱酥再煮15分钟即可（食用时取适量淋于米饭上）。

09 腐乳卤肉饭

材料 ＊Ingredient
五花肉·········450克
腐乳···········6块
红葱头末·······10克
蒜泥···········20克
水···········700毫升

调味料 ＊Seasoning
酱油············1大匙
盐·············少许
糖············1/2大匙
米酒············2大匙

做法 ＊Recipe
1. 五花肉洗净切丁备用。
2. 热锅，加入3大匙色拉
   油，加入蒜泥、红葱头
   末爆香，放入五花肉丁
   炒香至变色。
3. 在锅中放入所有调味料
   和腐乳炒至均匀，再加
   入水煮滚，再转小火煮
   50分钟即可（食用时
   取适量淋于米饭上）。

10 猪油拌饭

材料 ＊Ingredient
黑猪板油······600克
蒜泥···········30克
红葱头末·······20克
米饭···········适量
热开水·········2大匙

调味料 ＊Seasoning
糖·············1小匙
鸡粉·········1/2小匙
酱油膏········200克

做法 ＊Recipe
1. 黑猪板油洗净切小块，备用。
2. 热锅，放入黑猪板油块以中火炸至出油，再转小
   火炸至黑猪板油块微干，续加入蒜泥、红葱头末
   炸至呈金黄色。
3. 滤出黑猪板油渣、蒜泥、红葱酥，在剩下的清澈
   猪油中加入少许盐（材料外）拌匀，即为猪油。
4. 取一容器，倒入热开水，再加入糖与鸡粉拌匀，
   接着加入酱油膏拌匀，即为特调酱油膏。
5. 米饭盛入碗中，淋上做法3、做法4的材料即可。

美味memo
猪油制作完成后，需冷藏以便保存，冷藏后
会由液态变成凝固的乳白色状，拿来拌饭或炒菜
都香气十足喔！

11 肉臊饭

材料 ＊Ingredient
猪皮⋯⋯⋯⋯ 200克
红葱头⋯⋯⋯⋯ 50克
猪油⋯⋯⋯⋯⋯ 5大匙
胛心肉泥⋯⋯ 600克
高汤⋯⋯ 1200毫升

调味料 ＊Seasoning
酱油⋯⋯⋯ 100毫升
冰糖⋯⋯⋯⋯ 1大匙
米酒⋯⋯⋯⋯ 2大匙
胡椒粉⋯⋯⋯ 少许
五香粉⋯⋯⋯ 少许

做法 ＊Recipe
1.猪皮洗净、切大片，放入沸水中氽烫约5分钟，再捞出冲冷水，备用。
2.红葱头洗净、切除头尾后，切末备用。
3.热锅，加入猪油，再放入红葱头末爆香，用小火炒至呈金黄色微焦后，取出20克的红葱酥备用；其余续加入胛心肉泥中拌炒，炒至肉色变白、水分减少时，再加入所有调味料炒香后熄火。
4.取一砂锅，倒入材料，再加入高汤煮滚，煮滚后加入猪皮，转小火并盖上锅盖；续煮约1小时后再加入先前取出的20克红葱酥，煮约10分钟，最后夹出猪皮即可（食用时取适量淋于米饭上）。

12 瓜仔肉臊饭

材料 ＊Ingredient
胛心肉泥⋯⋯ 500克
腌瓜⋯⋯⋯⋯ 250克
蒜泥⋯⋯⋯⋯ 15克
姜末⋯⋯⋯⋯ 5克
高汤⋯⋯⋯ 800毫升

调味料 ＊Seasoning
盐⋯⋯⋯⋯⋯ 少许
鸡粉⋯⋯⋯ 1/2小匙
冰糖⋯⋯⋯⋯ 少许
米酒⋯⋯⋯⋯ 2大匙
白荫油⋯⋯⋯ 2大匙

做法 ＊Recipe
1.腌瓜切碎，备用。
2.热锅，加入3大匙色拉油，爆香蒜泥、姜末，加入胛心肉泥拌炒，炒至肉色变白，再加入所有调味料与腌瓜碎拌炒均匀。
3.锅中加入高汤煮滚，转小火续煮约40分钟即可（食用时取适量淋于米饭上）。

美味memo

常见的瓜仔肉臊饭中有两种不同口味的腌瓜，一种是浅色的腌瓜，另一种是深色的腌瓜。浅色腌瓜香气浓，常会添加姜末、蒜泥烹煮；深色腌瓜咸味较重，比较开胃下饭。两种都可以拿来做瓜仔肉臊饭，风味各有不同，口味可依个人喜好而定。

13 猪皮肉臊饭

材料＊Ingredient

猪皮…………300克
红葱头末……50克
蒜泥…………10克

调味料＊Seasoning

酱油…………6大匙
冰糖…………2大匙
糖色…………1大匙
米酒…………3大匙
五香粉………少许
甘草粉………少许
白胡椒粉………少许

做法＊Recipe

1. 猪皮洗净，放入开水中煮20分钟，软化后切块备用。
2. 热锅，加入适量的色拉油，再放入红葱头末与蒜泥爆香，用小火炒至呈金黄色后捞出，备用（保留锅中油分）。
3. 重新加热炒锅，放入猪皮块和爆香的红葱头末、蒜泥炒香。
4. 加入五香粉炒至入味，续加入酱油等剩余调味料炒至上色。
5. 加入做法1中煮猪皮的高汤，煮滚后，转小火，加入米酒并盖上锅盖，再煮约30分钟即可（食用时取适量淋于米饭上）。

14 香葱肉臊饭

材料＊Ingredient

猪肉泥………600克
葱花…………60克
香菜梗末……15克
水……………1000毫升

调味料＊Seasoning

酱油…………100毫升
鲜美露………20毫升
盐……………少许
冰糖…………1大匙
白胡椒粉………少许
米酒…………2大匙

做法＊Recipe

1. 热锅，加入3大匙色拉油，加入葱花爆香，再加入香菜梗末炒香后取出。
2. 放入猪肉泥炒香至颜色变白，放入所有调味料炒香，再加入水煮至滚，转小火续煮45分钟。

3. 放入炒香的葱花和香菜梗末，续煮10分钟即可（食用时取适量淋于米饭上）。

15 蒸蛋肉臊饭

材料 ✲ Ingredient

粗猪肉泥	300克
鸡蛋	1个
红葱头末	30克
蒜泥	5克
水	600毫升

调味料 ✲ Seasoning

酱油	50毫升
酱油膏	20克
盐	少许
冰糖	1/2大匙
五香粉	少许
米酒	2大匙
白胡椒粉	少许

做法 ✲ Recipe

1. 鸡蛋打入碗中,加入20毫升的水(分量外)搅拌均匀,放入蒸锅中蒸熟,取出待凉后切小丁状备用。
2. 热锅,加入3大匙色拉油,加入红葱头末爆香,呈金黄色后取出。
3. 在锅中放入粗猪肉泥炒香至颜色变白,放入所有调味料炒香,加入水煮至滚,转小火续煮30分钟,放入蛋丁。
4. 再放入做法2的油葱酥和蒜泥,续煮25分钟即可(食用时取适量淋于米饭上)。

16 香菇赤肉饭

材料 ✲ Ingredient

猪腿肉	600克	红葱头末	100克
猪皮	200克	猪油	5大匙
香菇	100克	香菇赤肉汁	适量

做法 ✲ Recipe

1. 将猪腿肉和猪皮洗净放入开水中,以中火煮25分钟后,分别捞起切成细丁状。
2. 香菇用水泡软,切成细丝状。
3. 锅中放入猪油,烧热后加入红葱头末炒香,加入做法1、2的所有材料炒香。
4. 再倒入香菇赤肉汁,用大火煮滚后,转小火并盖上锅盖,卤90分钟即可(食用时取适量淋于米饭上)。

香菇赤肉汁

材 料: 水1600毫升

调味料: 酱油180毫升、冰糖2大匙、糖色1大匙、米酒3大匙、五香粉少许、白胡椒粉少许

做 法: 将水放入锅中煮滚,再加入所有调味料煮至均匀即可。

17 红糟肉燥饭

材料 * Ingredient
猪肉泥500克、红糟酱50克、蒜泥10克、姜末10克、高汤600毫升

调味料 * Seasoning
盐少许、冰糖1大匙、酱油膏1小匙、米酒1大匙

做法 * Recipe
1. 热锅，加入3大匙色拉油，放入蒜泥、姜末爆香，再加入猪肉泥炒至颜色变白且出油，续放入红糟酱炒香。
2. 锅中加入所有调味料拌炒至入味，再加入高汤煮滚，转小火续煮约30分钟，待香味溢出即可（食用时取适量淋于米饭上）。

18 素瓜仔肉燥饭

材料 * Ingredient
素肉泥200克、脆瓜200克、姜末10克、水1200毫升

调味料 * Seasoning
酱油100毫升、胡椒粉少许、香菇粉少许、香油1小匙

做法 * Recipe
1. 素肉泥加热水泡软，泡软后捞起、沥干，备用。
2. 脆瓜切碎，备用。
3. 热锅，加入70毫升的色拉油，爆香姜末，再放入素肉泥炒香，续加入脆瓜碎与所有调味料炒匀，接着加入水煮滚，煮滚后转小火，续煮约30分钟至入味即可（食用取适量淋于米饭上）。

19 素肉燥饭

材料 * Ingredient
皮丝（素肉）200克、姜末30克、水700毫升

调味料 * Seasoning
酱油100毫升、素蚝油1大匙、冰糖1/2大匙、五香粉少许、白胡椒粉少许、肉桂粉少许、胡麻油15毫升

做法 * Recipe
1. 皮丝用热水泡软，洗净沥干切末，备用。
2. 热锅，加入4大匙色拉油，加入姜末爆香至微焦，再加入素肉末和胡麻油炒香。
3. 再放入其余调味料炒香，加入水煮至滚，转小火续煮20分钟即可（食用时取适量淋于米饭上）。

20 香菇素肉饭

材料 * Ingredient

素肉丝 ………… 150克
香菇 …………… 10朵
咸冬瓜 ………… 50克
姜末 …………… 10克
水 ………… 1000毫升

调味料 * Seasoning

酱油 ……… 120毫升
冰糖 …………… 1大匙
胡椒粉 ………… 少许
五香粉 ………… 少许
香菇粉 ………… 少许
香油 …………… 1小匙

做法 * Recipe

1. 香菇洗净、泡软，切小丁备用。
2. 素肉丝加热水泡软，泡软后捞起、沥干，切小丁；咸冬瓜切碎，备用。
3. 热锅，倒入80毫升的色拉油，爆香姜末，再加入香菇丁炒香，续放入素肉丁拌炒，接着加入咸冬瓜碎、所有调味料与水煮滚，煮滚后转小火，续煮约30分钟至入味即可（食用时取适量淋于米饭上）。

21 香椿素肉饭

材料 * Ingredient

豆轮 …………… 150克
香椿 …………… 40克
姜末 …………… 15克
水 ………… 700毫升

调味料 * Seasoning

A 酱油 ………… 1大匙
　 蚝油 ………… 5大匙
　 冰糖 ………… 1小匙
　 胡椒粉 ……… 少许
B 香油 ………… 1大匙

做法 * Recipe

1. 豆轮加热水泡软，泡软后捞起、沥干，切小丁备用。
2. 香椿洗净、沥干，去梗、切末，备用。

3. 热锅，加入3大匙色拉油，爆香姜末至微焦，再加入香椿末炒香，续加入豆轮丁拌炒，接着加入调味料A拌煮约1分钟；再加入水煮滚，煮滚后转小火，续煮约20分钟入味后，淋上香油拌匀即可（食用时取适量淋于米饭上）。

22 鸡肉饭

材料 ＊ Ingredient

鸡胸肉 ········· 500克
水 ··········· 700毫升
姜片 ············· 2片
葱（切段）······ 3根
红葱头末 ······· 50克
生鸡油 ········· 100克

调味料 ＊ Seasoning

米酒 ············· 1大匙
淡色酱油 ········· 1小匙
盐 ··············· 2小匙
冰糖 ············ 1/4小匙
白胡椒粉 ········· 少许

做法 ＊ Recipe

1. 鸡胸肉洗净放入沸水中汆烫，再洗去血水，备用。
2. 取一汤锅，加入水、鸡胸肉、姜片、葱段煮滚后，转小火并盖上锅盖，续煮约25分钟，接着熄火闷约5分钟，待凉后取出鸡胸肉（保留锅中汤汁）。
3. 将鸡胸肉先剥下大片鸡胸肉，再撕成细丝，此即为鸡肉丝。
4. 取一炒锅，放入生鸡油以中火炸出液状鸡油，再将渣取出后，续放入红葱头末爆炒至呈金黄色、微焦状后，捞出沥干油分，备用。
5. 过滤做法2中的汤汁，加入全部调味料煮滚，再加入做法4的红葱酥，拌煮至均匀，此即为红葱鸡汁。
6. 食用时取适量红葱鸡汁淋于米饭上，再加上适量鸡肉丝即可。

23 火鸡肉饭

材料 ＊ Ingredient

A 火鸡胸肉 ··· 250克
  姜片 ············· 2片
  葱段 ············· 15克
  水 ··········· 800毫升
  米酒 ············· 1大匙
B 鸡油 ············· 4大匙
  蒜片 ············· 15克
  红葱头末 ····· 20克

调味料 ＊ Seasoning

盐 ··············· 1小匙
淡色酱油 ········· 1小匙
鸡粉 ············ 1/2小匙
胡椒粉 ··········· 少许

做法 ＊ Recipe

1. 火鸡胸肉洗净、沥干，放入锅中，再加入姜片、葱段、水、米酒煮滚，转小火盖上锅盖，煮约35分钟（中途需翻面）后熄火闷约5分钟，待凉后取出火鸡胸肉（保留锅中汤汁）。
2. 将火鸡胸肉先剥下大片肉，再切丝，此即为火鸡肉丝。
3. 热锅，放入鸡油，以小火爆香蒜片、红葱头末，炒至呈金黄色，捞出沥油备用。
4. 取做法1中400毫升的汤汁，加入全部调味料，再加入沥过油的蒜片、红葱头末拌匀煮滚，即为鸡汁备用。
5. 食用时取适量鸡汁淋于米饭上，再加上适量鸡肉丝即可。

24 腊味饭

材料 ＊ Ingredient
大米·············2杯
腊肠·············100克
肝肠·············100克
葱花·············40克
水·············2杯

调味料 ＊ Seasoning
盐·············1/2小匙
白胡椒粉·····1/2小匙

做法 ＊ Recipe

1. 腊肠和肝肠洗净，切丁备用。
2. 大米洗净沥干水分，放入电饭锅中加入水和盐，铺上腊肠丁和肝肠丁，按下煮饭键煮至熟。
3. 待煮熟后打开电饭锅，撒上白胡椒粉和葱花拌匀即可。

25 腊肉栗子饭

材料 ＊ Ingredient
大米·············2杯
腊肉·············200克
栗子·············160克
姜末·············5克
水·············2杯

调味料 ＊ Seasoning
红葱油·········2大匙
盐·············1/2小匙

做法 ＊ Recipe

1. 栗子洗净，浸泡在冷水中约4小时至膨胀，捞出沥干水分，切厚片备用。
2. 腊肉切小片备用。
3. 大米洗净沥干水分，放入电饭锅中加入水、姜末以及所有调味料，铺上栗子片和腊肉片，按下煮饭键煮至熟。
4. 待煮熟后打开电饭锅拌匀即可。

26 叉烧芹菜饭

材料 * Ingredient
大米2杯、叉烧肉240
克、芹菜60克、水2杯

调味料 * Seasoning
盐1/2小匙、白胡椒粉1/2
小匙

做法 * Recipe
1. 叉烧肉切丁；芹菜洗净去叶、切末，备用。
2. 大米洗净沥干水分，放入电饭锅中加入水和盐，铺上
   叉烧肉丁，按下煮饭键煮至熟。
3. 待煮熟后打开电饭锅，撒上白胡椒粉和芹菜末拌匀
   即可。

27 圆白菜培根饭

材料 * Ingredient
大米2杯、圆白菜180克、
洋葱80克、培根100克、
水2杯、红甜椒丁少许

调味料 * Seasoning
盐1/2小匙、色拉油1大匙

做法 * Recipe
1. 圆白菜洗净后切小片，洋葱洗净切丁，培根切小片，
   备用。
2. 大米洗净沥干水分，放入电饭锅中加入水和所有调味
   料，铺上圆白菜片、洋葱丁以及培根片，按下煮饭键
   煮至熟。
3. 待煮熟后打开电饭锅拌匀，撒上少许红甜椒丁即可。

28 火腿笋丝饭

材料 * Ingredient
大米2杯、火腿80克、油笋罐头1瓶（280克）、水2
杯、葱花适量

做法 * Recipe
1. 火腿洗净切丝，备用。
2. 大米洗净沥干水分，放入电饭锅中，加入水、火腿丝
   和油笋，按下煮饭键煮至熟。
3. 待煮熟后打开电饭锅，撒上葱花拌匀即可

29 火腿玉米饭

材料＊Ingredient
大米2杯、火腿120克、玉米粒120克、胡萝卜80克、洋葱100克、水2杯、葱花少许

调味料＊Seasoning
盐1/2小匙、红葱油2大匙

做法＊Recipe
1. 火腿切小片；胡萝卜、洋葱洗净去皮切小丁，备用。
2. 大米洗净沥干水分，放入电饭锅中加入水和所有调味料，铺上火腿片、胡萝卜丁、洋葱丁及玉米粒，按下煮饭键煮至熟。
3. 待煮熟后打开电饭锅拌匀，撒上少许葱花即可。

30 南瓜火腿饭

材料＊Ingredient
大米2杯、南瓜240克、火腿100克、蒜泥20克、水2杯、葱花适量

调味料＊Seasoning
盐1/2小匙、色拉油1大匙

做法＊Recipe
1. 南瓜洗净，去皮、去籽、切小丁；火腿切小片，备用。
2. 大米洗净沥干水分，放入电饭锅中加入水和所有调味料,铺上南瓜丁、火腿片以及蒜泥，按下煮饭键煮至熟。
3. 待煮熟后打开电饭锅，撒上葱花拌匀即可。

31 香肠毛豆饭

材料＊Ingredient
大米2杯、香肠200克、毛豆100克、胡萝卜60克

调味料＊Seasoning
盐1/4小匙、红葱油2大匙

做法＊Recipe
1. 香肠切丁；胡萝卜洗净去皮切丁；毛豆洗净，备用。
2. 大米洗净沥干水分，放入电饭锅中加入水和所有调味料，铺上香肠丁、胡萝卜丁和毛豆，按下煮饭键煮至熟。
3. 待煮熟后打开电饭锅拌匀即可。

32 黄豆排骨饭

材料 ＊ Ingredient
大米…………………2杯
黄豆……………… 80克
排骨……………… 300克
水…………………… 2杯

调味料 ＊ Seasoning
红葱油………… 3大匙
盐……………………1小匙

做法 ＊ Recipe
1. 黄豆洗净，浸泡在冷水中约4小时至膨胀，捞出沥干水分备用。
2. 排骨洗净剁小块，放入滚沸的水中汆烫后，捞出沥干水分备用。
3. 大米洗净沥干，放入电饭锅中加入水和所有调味料，铺上黄豆和排骨块，按下煮饭键煮至熟。
4. 待煮熟后打开电饭锅拌匀即可。

美味memo
一般植物性蛋白质的营养价值略逊于动物性蛋白质，但黄豆例外，其含有的蛋白质是牛肉的2倍，营养价值可以媲美肉、鱼、奶、蛋类。

33 白菜咸肉饭

材料 ＊ Ingredient
大米…………………2杯
咸猪肉………… 200克
大白菜………… 600克
姜末……………… 20克
水…………………… 2杯

调味料 ＊ Seasoning
色拉油………… 3大匙
盐……………… 1/4小匙
白胡椒粉…… 1/2小匙

做法 ＊ Recipe
1. 咸猪肉洗净切丝；大白菜洗净剥开，放入滚沸的水中汆烫，捞出冲冷水至凉，略挤干水分后切丝，备用。
2. 大米洗净沥干水分，放入电饭锅中加入水、盐以及色拉油，铺上咸猪肉丝、大白菜丝和姜末，按下煮饭键煮至熟。
3. 待煮熟后打开电饭锅，撒上白胡椒粉拌匀即可。

34 咸蛋肉末饭

材料 * Ingredient
大米2杯、熟咸蛋2个、猪肉泥150克、胡萝卜80克、水2杯、葱花适量

调味料 * Seasoning
红葱油1大匙、盐1/6小匙、白胡椒粉1/2小匙

做法 * Recipe
1. 熟咸蛋去壳切碎；胡萝卜洗净去皮切丁；猪肉泥放入滚沸的水中氽烫，捞出沥干水分，备用。
2. 大米洗净沥干水分，放入电饭锅中加入水、红葱油和盐，铺上熟咸蛋碎、胡萝卜丁和猪肉泥，按下煮饭键煮至熟。
3. 待煮熟后打开电饭锅，撒上白胡椒粉和葱花拌匀即可。

35 福菜咸肉饭

材料 * Ingredient
大米2杯、福菜140克、咸猪肉200克、蒜泥20克、水2杯

调味料 * Seasoning
色拉油3大匙、盐1/6小匙

做法 * Recipe
1. 咸猪肉洗净切丝；福菜放入滚沸的水中氽烫，捞出冲冷水至凉，挤干水分切碎，备用。
2. 大米洗净沥干水分，放入电饭锅中加入水和所有调味料，铺上咸猪肉丝、福菜碎和蒜泥，按下煮饭键煮至熟。
3. 待煮熟后打开电饭锅拌匀即可。

36 五谷肉酱饭

材料 * Ingredient
五谷米2杯、肉酱罐头2罐(约300克)、青豆仁120克、水3杯

做法 * Recipe
1. 五谷米洗净沥干水分，放入电饭锅中加入水浸泡约30分钟，备用。
2. 锅内加入肉酱和青豆仁，按下煮饭键煮至熟。
3. 待煮熟后打开电饭锅拌匀即可。

37 泡菜猪肉饭

材料 * Ingredient
大米2杯、韩式泡菜260克、猪肉丝280克、洋葱丝60克、水1.5杯、葱花适量

调味料 * Seasoning
红葱油2大匙、盐1/4小匙

做法 * Recipe
1. 猪肉丝放入滚沸的水中汆烫，捞出沥干水分备用。
2. 韩式泡菜切碎（保留约1/2杯的泡菜汤汁）备用。
3. 大米洗净沥干水分，放入电饭锅中加入水、所有调味料和泡菜汤汁，铺上猪肉丝、洋葱丝和韩式泡菜碎，按下煮饭键煮至熟。
4. 待煮熟后打开电饭锅，撒上葱花拌匀即可。

38 肉干什锦菇饭

材料 * Ingredient
糙米2杯、猪肉干150克、金针菇60克、灵芝菇100克、鲜香菇60克、水3杯、葱花适量

调味料 * Seasoning
红葱油3大匙、盐1/2小匙、白胡椒粉1/2小匙

做法 * Recipe
1. 猪肉干切小片；金针菇洗净切段，灵芝菇洗净切小片，鲜香菇洗净切片，一起放入滚沸的水中汆烫，捞出沥干水分，备用。
2. 糙米洗净沥干水分，放入电饭锅中加入水浸泡约30分钟，加入盐和红葱油，铺上猪肉干片、金针菇段、灵芝菇片和鲜香菇片，按下煮饭键煮至熟。
3. 待煮熟后打开电饭锅，撒上白胡椒粉、葱花拌匀即可。

39 雪菜肉丝饭

材料 * Ingredient
大米2杯、雪菜180克、猪肉丝240克、姜末10克、水2杯

调味料 * Seasoning
盐1/2小匙、红葱油2大匙

做法 * Recipe
1. 猪肉丝放入滚沸的水中汆烫，捞出沥干水分备用；雪菜洗净，挤干水分切碎，备用。
2. 大米洗净沥干水分，放入电饭锅中加入水、红葱油和盐，铺上猪肉丝、雪菜碎和姜末，按下煮饭键煮至熟。
3. 待煮熟后打开电饭锅拌匀即可。

40 香蒜八宝饭

材料 ＊ Ingredient

八宝米 ·············2杯
蒜头 ················10粒
猪肉丁 ···········1/2杯
水 ·················2杯

调味料 ＊ Seasoning

A 盐 ··············2小匙
B 胡椒粉 ·········1小匙
色拉油 ··········1大匙
糖 ··············2小匙
淀粉 ············2小匙

做法 ＊ Recipe

1. 将八宝米洗净沥干水分，加入水，浸泡4小时备用。
2. 蒜头去膜切丁，猪肉丁加入调味料B腌约10分钟备用。
3. 将蒜头、猪肉丁、盐均匀铺在八宝米上，一起煮熟，煮好后再焖15~20分钟，最后用饭匙由下往上轻轻拌匀即可。

41 瓜仔肉酱饭

材料 ＊ Ingredient

大米 ·············2杯
瓜仔肉酱罐头·160克
（2罐）
毛豆 ············140克
胡萝卜 ·········100克
水 ·················3杯

做法 ＊ Recipe

1. 胡萝卜洗净去皮切丁备用。
2. 大米洗净沥干水分，放入电饭锅中加入水，铺上胡萝卜丁、毛豆和瓜仔肉酱（沥掉汤汁），按下煮饭键煮至熟。
3. 待煮熟后打开电饭锅拌匀即可。

42 黄豆芽牛肉饭

材料 * Ingredient
粳米480克、黄豆芽200克、牛五花薄片肉100克、水600毫升

调味料 * Seasoning
酱油9毫升、米酒15毫升、蒜泥5克、胡椒粉少许、香油10毫升、盐少许

做法 * Recipe
1. 将牛五花薄片肉洗净切成段，与所有调味料（盐除外）混合拌匀，放置10分钟备用。
2. 粳米洗净，于筛网中沥干，静置30~60分钟备用。
3. 黄豆芽去尾须洗净，沥干备用。
4. 将做法1至做法3的材料放入电饭锅中，加入盐混合拌匀，按下煮饭键，煮至开关跳起后，翻动米饭，使米饭吸水均匀，最后焖10~15分钟即可。

43 花生面筋牛肉饭

材料 * Ingredient
大米2杯、花生面筋罐头2罐（约240克）、牛肉碎250克、水1.5杯、红甜椒丁适量

调味料 * Seasoning
盐1/2小匙

做法 * Recipe
1. 牛肉碎放入滚沸的水中汆烫，捞出沥干水分备用。
2. 大米洗净沥干水分，放入电饭锅中加入水、1/2杯的面筋汤汁和盐，铺上牛肉碎、花生面筋，按下煮饭键煮至熟。
3. 待煮熟后打开电饭锅，撒上红甜椒丁拌匀即可。

44 蘑菇卤肉饭

材料 * Ingredient
大米2杯、蘑菇150克、洋葱100克、胡萝卜80克、卤肉酱罐头2罐（约220克）、水1.5杯、葱花适量

做法 * Recipe
1. 胡萝卜、洋葱洗净去皮切丁；蘑菇洗净切片，备用。
2. 大米洗净沥干水分，放入电饭锅中加入水，铺上罐装卤肉酱、胡萝卜丁、洋葱丁和蘑菇片，按下煮饭键煮至熟。
3. 待煮熟后打开电饭锅，撒上葱花拌匀即可。

45 香菇鸡肉饭

材料＊Ingredient
大米·················2杯
泡发香菇·······160克
去骨鸡腿肉··320克
红枣··············30克
姜末··············10克
水··················2杯

调味料＊Seasoning
盐·············1/2小匙
红葱油·········2大匙

做法＊Recipe
1. 红枣洗净去核切小片；泡发香菇切丁，备用。
2. 去骨鸡腿肉洗净切丁，放入滚沸的水中氽烫，取出沥干水分备用。
3. 大米洗净沥干水分，放入电饭锅中加入水和所有调味料，铺上红枣片、香菇丁、姜末和去骨鸡腿肉丁，按下煮饭键煮至熟。
4. 待煮熟后打开电饭锅拌匀即可。

46 烤鸭芥菜饭

材料＊Ingredient
大米·················2杯
烤鸭肉·········320克
芥菜心·········350克
姜末··············15克

调味料＊Seasoning
盐·············1/2小匙
白胡椒粉·····1/2小匙

做法＊Recipe
1. 烤鸭肉切丁；芥菜心剥开洗净，放入滚沸的水中氽烫，捞出冲冷水至凉，略挤干水分后切条，备用。
2. 大米洗净沥干水分，放入电饭锅中加入水和盐，铺上烤鸭肉丁、芥菜心条和姜末，按下煮饭键煮至熟。
3. 待煮熟后打开电饭锅，撒上白胡椒粉拌匀即可。

47 西红柿金枪鱼饭

材料 * Ingredient
大米2杯、西红柿160克、
洋葱80克、金枪鱼罐头1罐
（约150克）、水1.5杯、葱
花少许

调味料 * Seasoning
盐1/4小匙

做法 * Recipe
1. 西红柿洗净，放入沸水氽烫，去皮后切丁；洋葱洗净去皮切丁；罐装金枪鱼撕碎（罐头内汤汁保留）。
2. 大米洗净沥干水分，放入电饭锅中加入水和盐，铺上西红柿丁、洋葱丁和金枪鱼碎，按下煮饭键煮至熟。
3. 待煮熟后打开电饭锅，加入少许罐头汤汁拌匀，撒上少许葱花即可。

48 香蒜银鱼饭

材料 * Ingredient
大米……………………2杯
银鱼……………………120克
水………………………2杯
葱花……………………适量

调味料 * Seasoning
盐……………………1/2小匙
色拉油…………………1大匙
蒜泥……………………4大匙

做法 * Recipe
1. 大米洗净沥干水分，放入电饭锅中加入水和所有调味料，再铺上银鱼，按下煮饭键煮至熟。
2. 待煮熟后打开电饭锅，撒上葱花拌匀即可。

49 樱花虾菜饭

材料 * Ingredient
大米……………………2杯
樱花虾…………………60克
圆白菜…………………160克
水………………………2杯
葱花……………………适量

调味料 * Seasoning
盐……………………1/2小匙
色拉油…………………1大匙
蒜泥……………………3大匙

做法 * Recipe
1. 圆白菜洗净切小片备用。
2. 大米洗净沥干，放入电饭锅中加入水和所有调味料，铺上圆白菜片和樱花虾，按下煮饭键煮至熟。
3. 待煮熟后打开电饭锅，撒入葱花拌匀即可。

50 胡瓜虾米饭

材料＊Ingredient
大米……………2杯
胡瓜…………400克
虾米…………80克
水………………2杯

调味料＊Seasoning
盐…………1/2小匙
红葱油………3大匙

做法＊Recipe
1.胡瓜去皮洗净切丝；虾米泡入冷水中至软，捞出洗净，沥干水分，备用。
2.大米洗净沥干水分，放入电饭锅中加入水、所有调味料，铺上胡瓜丝和虾米，按下煮饭键煮至熟。
3.待煮熟后打开电饭锅拌匀即可。

51 螺肉香菇饭

材料＊Ingredient
大米……………2杯
鲜香菇………100克
罐装螺肉………1罐
葱花……………适量

调味料＊Seasoning
白胡椒粉……1/2小匙
红葱油………2大匙

做法＊Recipe
1.螺肉切丁（汤汁保留）；鲜香菇洗净切丝，备用。
2.大米洗净沥干水分，放入电饭锅中加入2杯做法1的螺肉汤汁（不够则以水代替）和红葱油，铺上螺肉丁和鲜香菇丝，按下煮饭键煮至熟。
3.待煮熟后打开电饭锅，撒上白胡椒粉和葱花拌匀即可。

52 虾米海带饭

材料 ＊ Ingredient
大米2杯、海带丝150克、虾米30克、姜末10克、水2杯

调味料 ＊ Seasoning
盐1/4小匙、红葱油2大匙、白胡椒粉1/2小匙

做法 ＊ Recipe
1. 海带丝洗净切小段；虾米放入滚沸的水中汆烫，捞出洗净沥干水分，备用。
2. 大米洗净沥干水分，放入电饭锅中加入水、盐、红葱油，铺上海带丝、虾米和姜末，按下煮饭键煮至熟。
3. 待煮熟后打开电饭锅，撒上白胡椒粉拌匀即可。

53 姜丝海瓜子饭

材料 ＊ Ingredient
粳米360克、燕麦片70克、海瓜子15个、水500毫升

调味料 ＊ Seasoning
酱油6毫升

做法 ＊ Recipe
1. 将海瓜子壳充分洗干净，放置在筛网上沥干水分备用。
2. 粳米洗净，放置于筛网中沥干，静置30~60分钟备用。
3. 燕麦片稍微清洗沥干备用。
4. 将做法2和做法3的材料放入电饭锅中，加入姜丝、酱油和水拌匀后，再平均放入海瓜子，按下煮饭键，煮至开关跳起后，略翻搅，再焖10~15分钟即可。

54 干贝海带芽饭

材料 ＊ Ingredient
糙米2杯、干贝4个、海带芽15克、胡萝卜100克、水3杯、葱花少许

调味料 ＊ Seasoning
红葱油3大匙、盐1小匙

做法 ＊ Recipe
1. 干贝用1杯水泡约1小时，捞出剥丝备用。
2. 海带芽泡发后挤干水分；胡萝卜洗净去皮切丝，备用。
3. 糙米洗净沥干水分，放入电饭锅中加入水浸泡约30分钟，加入盐和红葱油，铺上干贝丝、海带芽和胡萝卜丝，按下煮饭键煮至熟。
4. 待煮熟后打开电饭锅拌匀，撒上少许葱花即可。

55 圆白菜饭

材料 ＊ Ingredient

大米600克、梅花肉
丝250克、虾米50
克、圆白菜700克、
猪油4大匙、蒜泥
20克、红葱头末20
克、高汤600毫升

调味料 ＊ Seasoning

盐1小匙、鸡粉1小匙、
米酒1大匙、胡椒粉少许

做法 ＊ Recipe

1. 大米洗净，泡水约1小时；虾米泡水约5分钟；圆白菜洗净、切片状，备用。
2. 热锅，加入猪油，爆香蒜泥、红葱头末，再放入虾米、梅花肉丝，炒至肉色变白，再加入大米拌炒；以小火边拌炒边加入高汤，炒至米粒呈透明状，接着加入圆白菜片与所有调味料，拌炒均匀至圆白菜微软后熄火。
3. 取一电饭锅，盛入做法2的材料，煮至开关跳起后，续焖约5分钟，接着打开锅盖将圆白菜饭拌匀即可。

56 XO酱圆白菜饭

材料 ＊ Ingredient

大米·················2杯
XO酱·············160克
圆白菜 ········ 300克
水·················2杯

调味料 ＊ Seasoning

盐 ·············· 1/4小匙

做法 ＊ Recipe

1. 圆白菜洗净切片备用。
2. 大米洗净沥干水分，放入电饭锅中加入水和盐，铺上XO酱和圆白菜片，按下煮饭键煮至熟。
3. 待煮熟后打开电饭锅拌匀即可。

39

57 咖喱三色饭

材料 * Ingredient
大米2杯、胡萝卜80克、土豆120克、洋葱100克、玉米粒50克、水2杯

调味料 * Seasoning
咖喱膏2大匙、盐1/2小匙、色拉油1大匙

做法 * Recipe
1. 胡萝卜、土豆、洋葱洗净去皮，切丁备用。
2. 大米洗净沥干水分，放入电饭锅中加入水和咖喱膏拌匀，再加入其余调味料，铺上胡萝卜丁、土豆丁、洋葱丁，按下煮饭键煮至熟。
3. 待煮熟后打开电饭锅拌匀即可。

58 牛蒡香菇饭

材料 * Ingredient
牛蒡洗净40克、泡发香菇40克、糙米180克、水230毫升

调味料 * Seasoning
鲣鱼酱油20毫升

做法 * Recipe
1. 牛蒡去皮切薄片；泡发香菇切丝备用。
2. 糙米洗净沥干，放入内锅中，再加入牛蒡片、香菇丝，一起拌匀后加入水、鲣鱼酱油，浸泡约30分钟后，放入电饭锅中，按下煮饭键煮至熟即可。

59 芋头葱油饭

材料 * Ingredient
长糯米2杯、芋头200克、猪肉泥150克、葱花40克、水1.5杯

调味料 * Seasoning
红葱油3大匙、盐1小匙、白胡椒粉1/2小匙

做法 * Recipe
1. 芋头去皮洗净，切丁；猪肉泥放入滚沸的水中汆烫一下，捞出沥干水分，备用。
2. 长糯米洗净沥干，放入电饭锅中，加入水、红葱油和盐，铺上芋头丁和猪肉泥，按下煮饭键煮至熟。
3. 待煮熟后打开电饭锅，撒上白胡椒粉和葱花拌匀即可。

60 金针菇饭

材料＊Ingredient

罐头金针菇 ……200克
胡萝卜丝 ……………20克
圆白菜丝 …………50克
寿司米 …………100克
罐头金针菇汤汁100毫升

做法＊Recipe

1. 寿司米洗好备用。
2. 内锅放入寿司米和其余材料，放入电锅中，外锅
   加入1杯水，按下开关，煮至开关跳起。

美味memo

用罐头金针菇来煮饭菜，不仅快速又便利，
而且将煮菜饭时要加入的水，改用罐头金针菇的
汤汁，可让煮出来的饭菜更香。

31 西红柿蒸饭

材料＊Ingredient

洋葱 …………… 40克
西红柿 ………… 50克
大米 …………100克
薏米 …………… 40克
水 ………… 120毫升

做法＊Recipe

1. 洋葱去皮切丁；西红柿洗净切丁；薏米用水（材
   料外）浸泡约1小时发涨后沥干，备用。
2. 大米洗净后沥干水分，与做法1的材料放入电饭
   锅中，加入水，按下开关煮至开关跳起，再焖10
   分钟即可。

62 活力蔬菜饭

材料 * Ingredient

糙米100克、芹菜20克、圆白菜40克、胡萝卜30克、玉米粒25克、水120毫升

做法 * Recipe

1. 圆白菜、芹菜洗净后切丁；胡萝卜洗净去皮切丁，备用。
2. 糙米洗净后沥干水分，与做法1的材料及玉米粒放入电饭锅中，加入水，浸泡30分钟后，按下开关煮至开关跳起，再焖10分钟即可。

63 香葱红薯叶饭

材料 * Ingredient

大米2杯、红薯叶300克、水1.5杯、姜末15克

调味料 * Seasoning

蒜泥20克、红葱油3大匙、盐1/2小匙、白胡椒粉1/2小匙

做法 * Recipe

1. 红薯叶洗净，放入滚沸的水中氽烫，捞出冲冷水至凉，挤干水分切碎备用。
2. 大米洗净沥干水分，放入电饭锅中，加入水、盐、蒜泥和红葱油，铺上红薯叶碎和姜末，按下煮饭键煮至熟。
3. 待煮熟后打开电饭锅，撒上白胡椒粉拌匀即可。

64 毛豆白果饭

材料 * Ingredient

粳米320克、毛豆50克、白果（罐头）30克、海带1段（长10厘米）、水400毫升

调味料 * Seasoning

盐2克

做法 * Recipe

1. 用干净纱布沾水后扭干，在海带表面稍微擦拭；白果放入开水中氽烫1分钟捞起，斜切成半；毛豆洗净备用。
2. 粳米洗净，放置于筛网中沥干，静置30~60分钟备用。
3. 将米移入电饭锅中，加入水、做法1的材料和盐略拌，按下煮饭键，煮至开关跳起后，即可将海带取出，并翻动米饭，使米饭吸水均匀，最后焖10~15分钟即可。

65 红豆饭

材料 * Ingredient

粳米…………160克
圆糯米………240克
红豆…………50克
水…………800毫升

调味料 * Seasoning

盐…………3克

做法 * Recipe

1. 粳米洗净，放置于筛网中沥干，静置30~60分钟备用；圆糯米洗净沥干备用。
2. 红豆浸泡于水中（分量外）至膨胀成2倍后，以大火煮至沸腾，即倒出水分沥干，然后加入800毫升的水，再以大火煮至滚开时马上熄火，并将红豆与汤汁过滤分开置放备用。
3. 将圆糯米倒入做法2的汤汁中，浸泡2小时。
4. 将做法3的材料连豆汁一起放入电饭锅中，并加入粳米，再加入红豆和盐略拌，按下煮饭键，煮至开关跳起后，再充分翻动，使米饭吸水均匀，最后焖10~15分钟即可。

66 红薯饭

材料 * Ingredient

粳米…………240克
糙米…………240克
紫薯…………70克
红薯…………70克
温水…………600毫升

调味料 * Seasoning

盐…………2克

做法 * Recipe

1. 粳米洗净，放置于筛网中沥干，静置30~60分钟备用。
2. 糙米洗净，充分沥干水分，放入电饭锅中，并加入温水浸泡2小时备用。
3. 将紫薯、红薯洗净去皮，切成约2厘米厚片，泡入水中去除淀粉质。
4. 将做法1、做法3的材料和盐放入糙米饭中略拌，按下煮饭键，煮至开关跳起，再充分翻动，使米饭吸水均匀，最后焖10~15分钟即可。

67 黄豆糙米饭

材料 * Ingredient
黄豆60克、糙米120克、水150毫升

做法 * Recipe
1. 黄豆用冷水（分量外）浸泡约4小时，至发涨后捞起沥干水备用。
2. 将糙米洗净沥干水分，放入内锅中，再加入水与黄豆，一起拌匀浸泡约30分钟后，放入电饭锅中，按下煮饭键煮至熟即可。

68 花豆红薯饭

材料 * Ingredient
花豆30克、红薯40克、糙米80克、野米40克、水150毫升

做法 * Recipe
1. 花豆用冷水（分量外）浸泡约4小时，至发涨后沥干水；红薯洗净去皮切丁，备用。
2. 将糙米、野米洗净，沥干水分后放入内锅中，再加入水、花豆、红薯丁，一起拌匀后，浸泡约30分钟，放入电饭锅中，按下煮饭键煮至熟即可。

69 坚果杂粮饭

材料 * Ingredient
核桃10克、松子10克、高粱20克、糙米120克、亚麻仁10克、葵瓜籽10克、水120毫升

做法 * Recipe
1. 高粱用水(分量外)浸泡约1小时至发涨后沥干。
2. 再将糙米洗净后沥干水分。
3. 将做法1、做法2的材料及其余材料拌匀，放入电饭锅中加入水，浸泡30分钟。
4. 按下开关煮至开关跳起，再焖10分钟即可。

70 黑豆发芽米饭

材料＊Ingredient

黑豆··············40克
发芽米··········120克
水··············160毫升

做法＊Recipe

1. 黑豆用冷水（分量外）浸泡约4小时，至发涨后捞起沥干水备用。
2. 将发芽米洗净沥干水分，放入内锅中，再加入水与黑豆，一起拌匀浸泡约30分钟后，放入电饭锅中，按下煮饭键煮至熟即可。

美味memo

黑豆含有大量的植物固醇、皂素和一些有益的营养素，如钙、磷、铁和维生素E。用豆类来取代部分的肉类，既可增加对膳食纤维的摄取，亦可减少对动物脂肪的摄取，一举两得。

71 八宝养生饭

材料＊Ingredient

小米··············20克
大米··············70克
红豆··············15克
栗子··············25克
芋头··············30克
红枣··············15克
桂圆肉··········25克
葡萄干··········15克
水··············90毫升

做法＊Recipe

1. 栗子用开水（分量外）浸泡约1小时至发涨，挑去肉缝中的皮；红豆用冷水（分量外）浸泡约4小时至发涨，沥干水；芋头去皮洗净切丁，备用。
2. 将除水以外的材料一起洗净沥干水分，放入电饭锅中加入水，按下开关煮至开关跳起后，再焖10分钟即可。

美味memo

红枣、桂圆可补气、增强体力；葡萄干有丰富的铁质，将这些食材集合起来一起炊煮而成的八宝养生饭，能让你气色更好，红光满面喔！

72 火腿蛋炒饭

材料 ✳ Ingredient

火腿丁	30克
葱花	10克
鸡蛋	2个
米饭	1碗
（约250克）	

调味料 ✳ Seasoning

盐	适量
白胡椒粉	适量

做法 ✳ Recipe

1.鸡蛋打散拌匀成蛋液，备用。
2.热锅，加入色拉油，轻轻摇动锅使表面都覆盖上薄薄一层色拉油后，倒除多余色拉油，接着重新倒入20毫升的色拉油。
3.开大火，待油温热至约80℃时，加入蛋液拌炒，炒至蛋液略干后加入火腿丁炒香。
4.将米饭加入锅中拌炒，待米饭炒散与蛋、火腿丁一起混合均匀时，续加入葱花与所有调味料快炒拌匀即可。

73 什锦蛋炒饭

材料 ✳ Ingredient

米饭	1碗
鸡蛋	2个
猪肉丁	100克
三色蔬菜丁	100克
葱	2根
蒜头	2粒
红辣椒	1/2个

调味料 ✳ Seasoning

盐	少许
香油	1小匙
酱油	1小匙
白胡椒粉	少许

做法 ✳ Recipe

1.猪肉洗净切成小丁状；蒜头、红辣椒洗净切片；葱洗净切碎，备用。
2.鸡蛋敲开，倒入小碗中搅拌均匀备用。
3.热锅，倒入1大匙色拉油，加入切好的猪肉丁以中火爆香。
4.再加入蛋液一起炒香后，加入米饭、三色蔬菜丁与做法1的其余材料，以中火翻炒均匀。
5.加入所有的调味料拌炒均匀即可。

74 西红柿肉泥炒饭

材料 * Ingredient
米饭1碗（约250克）、鸡蛋2个、西红柿片50克、猪肉泥20克、黄甜椒10克、青椒10克、洋葱20克

调味料 * Seasoning
盐1/2小匙、番茄酱1小匙、白胡椒粉少许

做法 * Recipe
1.鸡蛋打入碗中，搅拌均匀成蛋液。
2.取锅，加入少许油烧热，倒入蛋液炒匀至水分收干。
3.续加入西红柿片、黄甜椒丁、青椒丁和洋葱丁炒香。
4.续加入猪肉泥炒熟后，放入米饭和调味料炒匀即可。

75 什锦菇炒饭

材料 * Ingredient
米饭1碗（约250克）、鸡蛋2个、金针菇20克、鸿禧菇20克、香菇20克、红甜椒10克、黄甜椒10克、青椒10克、洋葱10克

调味料 * Seasoning
酱油1大匙、白胡椒粉1小匙

做法 * Recipe
1.金针菇洗净切段；鸿禧菇、香菇、红甜椒、黄甜椒、青椒和洋葱，洗净切丝备用。
2.鸡蛋打入碗中，搅拌均匀成蛋液。
3.取锅，加入少许油烧热，倒入蛋液炒匀至水分收干。
4.续加入做法1的全部材料、米饭和调味料炒匀即可。

76 茄子炒饭

材料 * Ingredient
米饭1碗（约250克）、鸡蛋2个、茄子100克、红甜椒丁30克、黄甜椒丁30克、葱花20克

调味料 * Seasoning
酱油1小匙、白胡椒粉1/2小匙

做法 * Recipe
1.茄子洗净沥干，切圆片，入油锅炸熟，捞起沥油。
2.鸡蛋打入碗中，搅拌均匀成蛋液。
3.取锅，加入少许油烧热，倒入蛋液炒匀至水分收干。
4.续加入米饭、红甜椒丁、黄甜椒丁、葱花、炸好的茄子片和调味料拌炒均匀即可。

77 闽南炒饭

材料＊Ingredient
胡萝卜丁10克、青椒丁10克、洋葱丁10克、葱花5克、鸡腿肉丁20克、虾仁10克、鸡蛋2个、米饭1碗（约250克）

调味料＊Seasoning
酱油20毫升、盐适量、白胡椒粉适量

做法＊Recipe
1. 热锅加入色拉油，轻轻摇动使表面都覆盖上薄薄一层色拉油，倒除多余色拉油，再重新倒入20毫升色拉油。
2. 大火将油温热至约80℃，加入洋葱、鸡腿肉丁、虾仁炒香，再打入鸡蛋快炒至有香味，加胡萝卜、青椒快炒。
3. 加入米饭快速翻炒拌匀，待米饭炒散后加入酱油、盐、白胡椒粉拌炒均匀，最后撒上葱花快炒至均匀即可。

78 茄汁炒饭

材料＊Ingredient
去骨鸡腿肉丁20克、洋葱丁10克、青豆仁10克、鸡蛋2个、米饭1碗（约250克）

调味料＊Seasoning
番茄酱50毫升、盐适量、白胡椒粉适量

做法＊Recipe
1. 热锅加入色拉油，轻轻摇动使表面都覆盖上薄薄一层色拉油，倒除多余色拉油，再重新倒入20毫升色拉油。
2. 开大火，待油温热至约80℃时，加入洋葱丁与鸡肉丁炒香，再打入鸡蛋快炒至略收干，续加入米饭炒散，接着倒入番茄酱拌炒。
3. 待米饭与番茄酱拌炒至混合均匀时，续加入青豆仁炒熟，最后加入盐、白胡椒粉拌炒均匀即可。

79 黄金炒饭

材料＊Ingredient
蛋黄……………2个
米饭…………225克

调味料＊Seasoning
盐……………适量

做法＊Recipe
1. 蛋黄打散成蛋液备用。
2. 将米饭放在容器中，加入蛋黄一起搅拌至米粒皆呈金黄色。
3. 热油锅，将米饭下锅炒至米粒呈松散状时，加入适量的盐调味即可。

80 三文鱼炒饭

材料 ＊ Ingredient
米饭·············1碗
（约250克）
鸡蛋················2个
三文鱼 ·········70克
洋葱碎 ··········10克
葱花·············30克
金针菇段·········10克

调味料 ＊ Seasoning
酱油················1大匙
白胡椒粉·······1小匙
鸡粉·········1/2小匙
米酒··············1大匙

做法 ＊ Recipe
1.三文鱼洗净沥干水分，切成小块状，放入油锅中炸至外观呈金黄色，捞起沥油备用。
2.鸡蛋打入碗中，搅拌均匀成蛋液。
3.取锅，加入适量色拉油烧热，倒入蛋液炒匀至水分收干。
4.加入米饭和洋葱碎、葱花、金针菇段拌炒后，再放入调味料和三文鱼块略拌炒即可。

81 咸鱼鸡粒炒饭

材料 ＊ Ingredient
鸡肉·············100克
咸鱼··············50克
生菜··············50克
鸡蛋················1个
米饭············300克
葱花··············20克
淀粉··············1小匙

调味料 ＊ Seasoning
盐 ············1/4小匙
鸡粉··········1/4小匙

做法 ＊ Recipe
1.鸡肉洗净沥干水分，切成丁状，再用淀粉抓匀；取锅，加入色拉油以中火烧热，加入鸡丁炒散后捞起备用。
2.咸鱼切成丁状，放入以中火烧热的油锅中，过油至表面略呈焦状，捞起备用。
3.生菜洗净沥干水分后，切成指甲般的大小备用；鸡蛋打散，搅拌均匀成蛋液备用。
4.另取锅，加入色拉油以中火烧热后，倒入蛋液炒至五分熟，放入米饭和葱花快速翻炒后，再加入调味料和做法1、做法2的材料及生菜快速拌炒，持续以中火炒至米饭干松、有香味溢出即可。

82 菠萝炒饭

材料 * Ingredient

鸡肉50克、虾150克、罐头菠萝70克、洋葱20克、红辣椒1个、蒜头10克、鸡蛋1个、葡萄干15克、米饭300克、罗勒7克、淀粉1小匙

调味料 * Seasoning

盐1/4小匙、鸡粉1/4小匙、咖喱粉1/2小匙

做法 * Recipe

1. 鸡肉洗净切丁，用淀粉抓匀后，放入热锅中炒散备用。虾去泥肠、头和外壳后，保留尾部洗净后，放入开水中氽烫至外观变红后，捞起泡入冷水中备用。
2. 菠萝切块状；洋葱、红辣椒、蒜头洗净，切碎末状；罗勒洗净，切细丝条状；鸡蛋打散搅拌成蛋液备用。
3. 取锅，加入色拉油以中火烧热，倒入蛋液炒至五分熟，将米饭、做法1和做法2的材料、葡萄干，加入锅中炒均匀后，再放入调味料快速拌炒，以中火炒至米饭干松、有香味溢出时，加入罗勒丝拌匀后关火即可。

83 粤式炒饭

材料 * Ingredient

虾仁	50克
叉烧	40克
鸡蛋	1个
青豆仁	30克
米饭	300克
葱花	20克

调味料 * Seasoning

盐	1/4小匙
鸡粉	1/4小匙

做法 * Recipe

1. 虾仁洗净，放入开水中氽烫至外观变红色后，捞起泡入冷水中备用。
2. 叉烧切丁，鸡蛋打散搅拌成蛋液备用。
3. 取锅，加入色拉油以中火烧热后，倒入蛋液炒至五分熟，再加入米饭及葱花快速翻炒后，放入调味料、青豆仁、虾仁和叉烧丁快速拌炒，持续以中火炒至米饭干松、有香味溢出即可。

84 咖喱炒饭

材料 ＊Ingredient
米饭2碗、芦笋20克、红甜椒30克、菠萝80克、玉米粒20克、蒜泥5克、姜末5克、鸡柳100克

调味料 ＊Seasoning
印度咖喱粉25克、盐少许、胡椒粉少许、酱油少许、米酒少许

做法 ＊Recipe
1. 红甜椒洗净切小片；菠萝去皮切小块；芦笋洗净，氽烫后放入冷水中略泡，再取出切小段，备用。
2. 鸡柳切小块，加入酱油、米酒拌匀备用。
3. 热锅，加入15毫升的色拉油，再加入鸡柳块，炒至肉变白色，续加入红甜椒片、菠萝块、玉米粒拌匀后盛起备用。
4. 重新热锅，加入15毫升的色拉油，爆香蒜泥、姜末，再加入印度咖喱粉拌匀后，倒入米饭炒匀，并加入做法3的材料与芦笋段一起拌炒均匀，起锅前加入盐、胡椒粉调味即可。

85 青椒牛肉炒饭

材料 ＊Ingredient
牛肉丝20克、洋葱丝10克、青椒丝10克、蒜泥5克、米饭1碗（约250克）

调味料 ＊Seasoning
色拉油20毫升、酱油20毫升、盐适量、白胡椒粉适量

腌料 ＊Pickle
酱油1/2小匙、米酒1/2小匙、胡椒粉适量、盐适量、蛋液1/2个、淀粉5克

做法 ＊Recipe
1. 将腌料混合均匀，与牛肉丝一起腌约15分钟。
2. 热锅，加入色拉油，轻轻摇动锅使表面都覆盖上薄薄一层色拉油后，倒除多余色拉油，接着重新倒入20毫升的色拉油。
3. 开大火，待油温烧至约80℃时，放入蒜泥爆香，再加入洋葱丝炒软，接着放入牛肉丝，炒至肉色变白后，放入青椒丝与米饭拌炒。
4. 待米饭炒散后，加入酱油快速翻炒均匀，最后加入盐与白胡椒粉调味即可。

86 扬州炒饭

材料 * Ingredient
叉烧肉丝20克、虾仁20克、葱花10克、生菜丝10克、鸡蛋2个、米饭1碗（约250克）

调味料 * Seasoning
色拉油20毫升、盐适量、白胡椒粉适量

做法 * Recipe
1. 热锅，加入色拉油，轻轻摇动锅使表面都覆盖上薄薄一层色拉油后，倒除多余色拉油，接着重新倒入20毫升的色拉油。
2. 开大火，待油温热至约80℃时，打入鸡蛋快炒至略收干，再放入叉烧丝与虾仁炒熟，接着加入米饭一起拌炒。
3. 待米饭炒散后，加入生菜丝与葱花快炒拌匀，最后加入所有调味料炒匀即可。

87 香肠蛋炒饭

材料 * Ingredient
米饭1碗（约250克）、鸡蛋2个、香肠片适量、胡萝卜丁10克、豆角丁10克、洋葱碎10克

调味料 * Seasoning
酱油1大匙、白胡椒粉1/2小匙

做法 * Recipe
1. 鸡蛋打入碗中，搅拌均匀成蛋液。
2. 取锅，加入少许油烧热，倒入蛋液炒匀至水分收干。
3. 续加入香肠片炒香后，再放入米饭、胡萝卜丁、豆角丁、洋葱碎和调味料拌炒均匀即可。

88 腊味炒饭

材料 * Ingredient
港式腊肠1根、港式肝肠1根、芦笋1根、鸡蛋1个、米饭300克、葱花20克

调味料 * Seasoning
盐1/4小匙、鸡粉1/4小匙

做法 * Recipe
1. 腊肠和肝肠先蒸熟，再切成丁状；芦笋洗净后，切成约0.5厘米的片状；鸡蛋打散搅拌成蛋液备用。
2. 取锅，加入色拉油以中火烧热后，倒入蛋液炒至五分熟后，接着放入米饭和葱花快速翻炒，再加入调味料和腊肠丁、肝肠丁、芦笋片快速拌炒，持续以中火炒至米饭干松、有香味溢出即可。

89 芦笋炒饭

材料 ＊ Ingredient
米饭···············1碗
（约250克）
鸡蛋···············2个
墨鱼···············30克
芦笋···············50克
胡萝卜···········20克
玉米粒···········20克
葱花···············20克

调味料 ＊ Seasoning
酱油···············1小匙
胡椒粉·······1/2小匙

做法 ＊ Recipe
1. 墨鱼、芦笋和胡萝卜洗净沥干，切小丁后，放入开水中略汆烫，捞起沥干备用。
2. 鸡蛋打入碗中，搅拌均匀成蛋液。
3. 取锅，加入少许油烧热，倒入蛋液炒匀至水分收干。
4. 续加入米饭、调味料、玉米粒、葱花和做法1的材料，以大火拌炒均匀即可。

90 翡翠炒饭

材料 ＊ Ingredient
米饭···············1碗
（约250克）
鸡蛋···············2个
上海青···········100克
金针菇···········30克
香菇···············10克
胡萝卜···········10克

调味料 ＊ Seasoning
盐···············1/2小匙
白胡椒粉·····1/2小匙

做法 ＊ Recipe
1. 上海青洗净沥干，切碎末备用。
2. 金针菇、香菇和胡萝卜洗净沥干，切末备用。
3. 鸡蛋打入碗中，搅拌均匀成蛋液。
4. 取锅，加入少许油烧热，倒入蛋液炒匀至水分收干。
5. 续加入米饭拌炒均匀后，再加入做法1、做法2的全部材料和调味料，以大火拌炒均匀即可。

91 猪肉味噌炒饭

材料 * Ingredient
米饭250克、鸡蛋2个、猪肉片50克、葱花20克、豆干丁30克、胡萝卜丁10克、芥蓝菜末10克

调味料 * Seasoning
味噌1大匙、糖1/2小匙、胡椒粉1/2小匙

做法 * Recipe
1. 猪肉片先用少许味噌（分量外）腌过备用。
2. 热油锅爆香猪肉片和豆干丁、胡萝卜丁后，捞起。
3. 鸡蛋打入碗中，搅拌均匀成蛋液。
4. 锅中加入少许油烧热，倒入蛋液炒匀至水分收干。
5. 续加入做法2的材料，再放入米饭、葱花、芥蓝菜末和调味料，拌炒均匀至入味即可。

92 素香炒饭

材料 * Ingredient
香菇丁20克、口蘑丁20克、青豆仁20克、玉米粒20克、香椿20克、米饭250克

调味料 * Seasoning
香油20毫升、番茄酱30克、盐适量

做法 * Recipe
1. 热锅，加入香油（分量外），轻轻摇动锅使表面覆盖上薄薄一层香油后，倒出多余香油，再重新倒入20毫升的香油。
2. 开大火，待油温热至约80℃时，加入香菇丁、口蘑丁炒至干香，再加入玉米粒快炒，续加入米饭翻炒。
3. 待米饭炒散后，加入青豆仁、香椿与其余调味料，拌炒均匀至熟即可。

93 五谷炒饭

材料 * Ingredient
五谷饭250克、鸡蛋2个、鱼板丁20克、葱花20克、鸡肉丁50克、三色豆30克

调味料 * Seasoning
盐1/2小匙、酱油1/2小匙、胡椒粉1/2小匙

做法 * Recipe
1. 鸡蛋打入碗中，搅拌均匀成蛋液。
2. 取锅，加入少许油烧热，倒入蛋液炒匀至水分收干。
3. 续加入鱼板丁、葱花、鸡肉丁、三色豆炒香后，放入五谷饭和调味料，以大火拌炒均匀即可。

94 泡菜炒饭

材料 * Ingredient
米饭············· 250克
鸡蛋············· 2个
韩式泡菜······· 60克
猪肉丝 ········· 30克
葱花············· 少许

调味料 * Seasoning
白胡椒粉········· 少许
酱油··········· 1/2小匙

做法 * Recipe
1. 韩式泡菜水分压干后，切小片备用。
2. 鸡蛋打入碗中，搅拌均匀成蛋液。
3. 取锅，加入少许油烧热，倒入蛋液炒匀至水分收干。
4. 续加入米饭、猪肉丝、葱花、所有调味料拌炒均匀后，再加入泡菜片略拌炒至入味即可。

95 羊肉炒饭

材料 * Ingredient
米饭············· 250克
鸡蛋············· 2个
羊肉············· 30克
洋葱碎 ········· 20克
芹菜末 ········· 20克
红辣椒丝········· 适量

调味料 * Seasoning
香油··········· 1/2小匙
酱油············· 1大匙
白胡椒粉········· 少许
米酒············· 1小匙

腌料 * Pickle
米酒··········· 1/2小匙
酱油··········· 1/2小匙
淀粉············· 1小匙

做法 * Recipe
1. 羊肉洗净切小片，放入混合拌匀的腌料中腌约5分钟备用。
2. 鸡蛋打入碗中，搅拌均匀成蛋液。
3. 取锅，加入少许色拉油烧热，倒入蛋液炒匀至水分收干。
4. 续加入羊肉片炒熟，再放入米饭、洋葱碎、芹菜末、红辣椒丝和所有调味料，以拌炒均匀至入味即可。

96 银鱼炒饭

材料 ＊ Ingredient
蒜头20克、银鱼40克、米饭300克

调味料 ＊ Seasoning
盐1/4小匙、鸡粉1/4小匙

做法 ＊ Recipe
1. 蒜头洗净去皮后，切成薄片状备用。
2. 取锅，加入色拉油以中火烧热后，放下银鱼炸至表面呈金黄色后，捞起沥油备用。
3. 将蒜片放入锅中，以小火爆香后，放入米饭及银鱼拌炒均匀后，再加入调味料，并持续以中火炒至米饭干松、有香味溢出即可。

97 生菜牛肉炒饭

材料 ＊ Ingredient
牛肉泥80克、生菜40克、鸡蛋1个、葱花20克、米饭300克

调味料 ＊ Seasoning
盐1/4小匙、鸡粉1/4小匙

腌料 ＊ Pickle
淀粉1小匙、酱油1小匙、蛋清1小匙

做法 ＊ Recipe
1. 腌料混合搅拌均匀后，加入牛肉泥腌渍抓匀，取锅加入色拉油以中火烧热后，加入腌渍后的牛肉泥快速炒散后，起锅备用。
2. 生菜洗净，沥干，切细条；鸡蛋打散搅拌成蛋液备用。
3. 另取锅，入色拉油以中火烧热后，倒入蛋液炒至五分熟，放入葱花、米饭和牛肉泥快速拌炒后，加入调味料和生菜拌炒后，以中火炒至米饭干松、有香味溢出即可。

98 腐皮煎饭卷

材料 ＊ Ingredient
腊味炒饭200克（做法参考P52）、香菜15克、葱40克、腐皮3张、色拉油30毫升、面粉6克、水3毫升

做法 ＊ Recipe
1. 香菜和葱洗净后切成碎末状，加入腊味炒饭中搅拌均匀。
2. 整张腐皮分成3等份后呈三角形，将面粉和水拌匀备用。
3. 取适量的腊味炒饭平铺在切好的腐皮上，将腐皮左边和右边内折后，再卷成长条春卷状，并将接口处用做法2的面糊固定封口。
4. 热锅，加入色拉油，放入做法3的腐皮饭卷，以热锅冷油的方式煎至腐皮外观微微焦黄即可。

99 萝卜干肉炒饭

材料 * Ingredient
萝卜干·········· 50克
红辣椒··········· 1个
葱····················· 2根
蒜头··············· 20克
猪肉泥·········· 70克
鸡蛋··················· 1个
米饭·············· 300克

调味料 * Seasoning
盐·············· 1/8小匙
鸡粉··········· 1/4小匙

做法 * Recipe

1. 萝卜干洗净沥干水分后，取锅以小火且不加色拉油的方式，将萝卜干的水分炒干后备用。
2. 红辣椒、葱和蒜头洗净后切成细末状，鸡蛋打散搅拌成蛋液备用。
3. 取做法1的锅，加入少许色拉油以中火烧热后，加入红辣椒末、葱花和蒜泥，并以小火爆香后，加下猪肉泥炒至变色后，再放入萝卜干炒至香味溢出后起锅备用。
4. 另取锅，加入色拉油以中火烧热后，倒入蛋液炒至五分熟，再放入做法3的材料、米饭和调味料拌炒，并持续以中火炒至米饭干松、有香味溢出即可。

100 荷叶蒸炒饭

材料 * Ingredient
胡萝卜·········· 60克
洋葱··············· 30克
培根··············· 50克
鸡蛋··················· 1个
米饭·············· 200克
荷叶··················· 1张

调味料 * Seasoning
盐·············· 1/6小匙
鸡粉··········· 1/6小匙

做法 * Recipe

1. 胡萝卜、洋葱洗净后切成细条状，培根切成片状，鸡蛋打散搅拌成蛋液备用。
2. 取锅，加入适量的油以中火烧热，倒入蛋液炒至五分熟，放入胡萝卜、洋葱和培根拌炒均匀，再加入米饭及调味料，以中火炒至米饭干松、有香味溢出即可起锅备用。
3. 荷叶用开水汆烫后洗净擦干，叶面向上铺平后，将做法2的炒饭倒入荷叶中央，将荷叶从4个角落向中心折入，再倒扣到盘子里备用。
4. 将荷叶饭放入蒸笼中，以中火蒸至锅中的水沸腾后，再蒸约15分钟。
5. 将蒸好的荷叶蒸饭取出，并以刀子在荷叶上轻轻划开即可。

101 焢肉饭

材料 * Ingredient

A 五花肉……1200克
　八角…………3粒
　桂皮…………10克
　水………2000毫升
B 葱（切段）……1根
　姜片…………3片
　蒜头…………6粒

调味料 * Seasoning

酱油…………220毫升
酱油膏…………3大匙
冰糖……………1大匙
米酒……………2大匙
五香粉…………少许
白胡椒粉………少许

做法 * Recipe

1. 五花肉洗净、沥干，放入冰箱中冷冻约15分钟，再取出切厚片，备用。
2. 热锅，加入5大匙色拉油，爆香材料B，再放入五花肉片炒至肉色变白且微焦，续放入八角与桂皮，再加入所有调味料炒香后熄火。
3. 取一砂锅，倒入做法2的材料，再加入水煮滚，煮滚后转小火并盖上锅盖，续煮约90分钟即可（取适量肉片与汤汁搭配米饭）。

102 猪脚饭

材料 * Ingredient

猪脚…………1200克
蒜头……………5粒
姜片……………3片
葱（切段）……2根
八角……………1粒
可乐…………100毫升
水…………1300毫升

调味料 * Seasoning

酱油…………250毫升
盐………………少许
冰糖……………1大匙

做法 * Recipe

1. 猪脚洗净，放入沸水中汆烫约10分钟，再捞出冲水待凉，除毛后洗净、沥干，接着放入160℃的油锅中炸至上色后捞出，沥油备用。
2. 于做法1的油锅中放入蒜头、姜片、葱段，略炸后即取出，备用。
3. 取一砂锅，先装入做法2的材料与八角，再排入猪脚，最后加入所有调味料、可乐及水，用大火煮至滚沸后，转小火并盖上锅盖，续卤约1.5小时即可（取适量猪脚与汤汁搭配米饭）。

103 酥炸鸡腿饭

材料＊Ingredient
带骨鸡腿…………1个
米饭………………1碗
红薯粉………2大匙
面粉…………1/2大匙
淀粉…………1/2小匙

腌料＊Pickle
酱油……………1大匙
糖……………1/4小匙
米酒……………1大匙

做法＊Recipe
1. 鸡腿洗净加入所有腌料，拌匀腌渍约10分钟后取出，均匀沾裹上混合均匀的红薯粉、面粉与淀粉，备用。
2. 热油锅，加热至180℃后，放入鸡腿，转小火慢慢炸约10分钟，至金黄酥脆熟透后，取出沥干油分，备用。
3. 取一盘，摆放入米饭（可依个人喜好撒入白芝麻）、炸鸡腿，再搭配上配菜即可。

104 香酥排骨饭

材料＊Ingredient
排骨………………1片
（约180克）
米饭………………1碗
红薯粉………2大匙
面粉…………1/2大匙
淀粉…………1/2小匙

腌料＊Pickle
酱油……………1大匙
糖……………1/4小匙
米酒……………1大匙

做法＊Recipe
1. 排骨洗净加入所有腌料，拌匀腌渍约10分钟后取出，均匀沾裹上混合均匀的红薯粉、面粉与淀粉，备用。
2. 热油锅，加热至180℃后，放入排骨，转小火慢慢炸约8分钟，至金黄酥脆熟透后，取出沥干油分，备用。
3. 取一盘，摆放入米饭、炸排骨，再搭配上配菜即可。

105 辣子鸡丁饭

材料＊Ingredient
鸡胸肉300克、青椒块50克、葱段少许、蒜片少许、干辣椒段15克、花椒粒少许、米饭1碗、水3大匙

调味料＊Seasoning
A 辣椒酱1大匙、酱油1大匙、米酒1大匙、白醋1大匙、糖1小匙
B 水淀粉1大匙、香油1小匙、辣椒油1小匙

腌料＊Pickle
酱油1小匙、米酒1大匙、淀粉1大匙、香油1小匙

做法＊Recipe
1. 米饭盛入大碗中。鸡胸肉洗净,去皮、去骨,切成丁状,放入所有腌料中腌渍约10分钟,再放入油锅中炸熟后捞起沥干油分,备用。
2. 热锅,加入适量色拉油,放入葱段、蒜片、干辣椒段、花椒粒一起爆香,再加入鸡丁、青椒块炒香,续加入所有调味料A拌炒均匀。
3. 锅中加入水淀粉勾芡,再滴入香油、辣椒油拌匀后熄火盛起,淋在米饭上即可。

106 肉末茄子饭

材料＊Ingredient
茄子	100克
葱花	少许
蒜泥	少许
猪肉泥	20克
米饭	250克
水	50毫升

调味料＊Seasoning
辣豆瓣酱	1大匙
酱油	1小匙
米酒	1大匙
糖	1小匙
水淀粉	1大匙

做法＊Recipe
1. 米饭盛入大碗中,备用。
2. 茄子洗净切圆片,再放入约160℃的油锅中略炸后捞起,备用。
3. 热锅,加入适量色拉油,先放入蒜泥爆香,再放入猪肉泥炒散,续加入茄子片与所有调味料(水淀粉除外)和水快炒均匀。
4. 锅中加入水淀粉勾芡,起锅前加入葱花拌匀后熄火盛起,取适量淋在米饭上即可。

107 橙汁虾仁饭

材料 ＊ Ingredient
虾仁…………120克
柳橙……………1个
熟白芝麻………少许
米饭…………250克

腌料 ＊ Pickle
盐…………1/4小匙
米酒……………1小匙
白胡椒粉……1/4小匙
淀粉……………适量

调味料 ＊ Seasoning
糖……………1大匙
白醋……………1小匙
柳橙汁………4大匙

做法 ＊ Recipe
1. 米饭盛入大碗中，备用。
2. 虾仁背部划开、去肠泥后洗净，放入所有腌料中腌渍约5分钟，再均匀沾裹适量干淀粉（材料外），放入油锅中炸熟后，捞起沥干油分，备用。
3. 柳橙去皮、去籽，果肉切小丁状，再与所有调味料拌匀，一起入锅煮滚，并加入虾仁拌炒均匀后熄火，撒上熟白芝麻翻炒均匀后盛起，取适量摆放在米饭上即可。

108 虾仁饭

材料 ＊ Ingredient
虾仁………… 300克
葱段…………适量
蒜泥…………30克
米饭……………5碗

调味料 ＊ Seasoning
A 酱油………1小匙
　 盐………1/4小匙
　 鸡粉……1/4小匙
　 米酒……1/2大匙
B 酱油………2大匙
　 鸡粉……1/2小匙
　 胡椒粉………少许
　 米酒…………1大匙

做法 ＊ Recipe
1. 虾仁洗净、去肠泥，备用。
2. 热锅，加入1大匙色拉油，爆香葱段、10克的蒜泥，再放入虾仁炒至颜色变红，续加入所有调味料A炒香，炒至入味后熄火，即为葱爆虾仁。
3. 重新加热做法2的锅，倒入2大匙色拉油，爆香剩余20克的蒜泥，再放入米饭炒香，续加入所有调味料B拌炒均匀至入味后熄火，再加入葱爆虾仁拌匀即可。

109 糖醋排骨饭

材料＊Ingredient
排骨············ 250克
洋葱块········· 20克
青椒块········· 20克
红甜椒块········ 20克
米饭············ 250克
水·············· 2大匙

调味料＊Seasoning
番茄酱········· 2大匙
糖············· 2大匙
盐············· 少许
白醋··········· 2大匙
米酒··········· 1大匙

腌料＊Pickle
盐············· 少许
米酒··········· 1大匙
香油··········· 1小匙
淀粉··········· 2大匙
水············· 50毫升

做法＊Recipe
1. 米饭盛入大碗中备用。
2. 排骨洗净剁小块，加入所有腌料一起拌匀腌渍约10分钟，再放入油锅中炸熟、捞起沥干油分，备用。
3. 洋葱块、青椒块、红甜椒块过油后捞起，备用。
4. 热锅，加入所有调味料及水一起拌煮均匀，再放入炸排骨拌匀，续加入做法3的所有材料翻炒均匀后熄火盛起，取适量摆放在米饭上即可。

110 洋葱滑蛋浇饭

材料＊Ingredient
鸡蛋············ 3个
洋葱丝········· 20克
胡萝卜丝········· 5克
米饭············ 250克

调味料＊Seasoning
盐············· 1小匙

做法＊Recipe
1. 米饭盛入大碗中，备用。
2. 鸡蛋打散，加入盐拌匀，备用。
3. 热锅，加入适量色拉油，放入洋葱丝、胡萝卜丝炒香，再放入蛋液，煮至蛋液半熟、略凝固即熄火盛起，取适量盖在米饭上即可。

美味memo

洋葱滑蛋盖饭，之所以命名为"滑蛋"，顾名思义就是滑嫩的鸡蛋，因此烹调时注意鸡蛋勿煮过久，避免蛋液变得老涩干缩，那口感就大打折扣啰！

111 窝蛋牛肉饭

材料 * Ingredient
牛肉泥150克、豆角
50克、胡萝卜20克、
洋葱碎1小匙、生蛋
黄1个、水100毫升、
米饭250克

调味料 * Seasoning
乌醋1/2小匙、蚝油1大
匙、糖1/2小匙、鸡粉
1/4小匙、水淀粉1大匙

腌料 * Pickle
小苏打1/4小匙、酱油1/2小匙、糖1/2小匙、米
酒1/2小匙、淀粉1/2小匙、水1大匙

做法 * Recipe
1.牛肉泥加入所有腌料腌约30分钟；豆角、胡
  萝卜洗净去皮切丁，备用。
2.热锅，倒入1大匙色拉油，放入牛肉泥，以小火
  煎炒至熟，加入洋葱碎略炒。
3.锅中再加入水、豆角、胡萝卜丁及所有调味
  料，以小火煮约2分钟后，以水淀粉勾芡。
4.将米饭盛于大碗中，趁热淋上做法3的材料，
  并于中间挖洞放入生蛋黄即可。

112 瓜仔豆角饭

材料 * Ingredient
市售瓜仔肉 ········1瓶
米饭 ··········· 250克
豆角 ··········· 100克
辣椒末 ········· 少许
水 ··········· 100毫升

调味料 * Seasoning
酱油 ··········· 1大匙
香油 ··········· 1小匙
糖 ··········· 1大匙
盐 ··········· 少许
白胡椒 ········· 少许

做法 * Recipe
1.将豆角洗净，切成碎状备用。
2.取一炒锅，加入瓜仔肉以中火爆香，再加入豆
  角碎一起翻炒均匀。
3.接着加入所有的调味料和水，翻炒均匀。
4.米饭装入碗中，再将做法3的材料放在饭上，
  撒上辣椒末即可。

美味memo
制作过程中可将原本的瓜仔肉汤汁一同
加入拌炒，这样调味料的分量就可以减半，
吃起来口感不会太咸。

113 鸡肉蘑菇饭

材料 * Ingredient
去骨鸡腿··········1个
米饭··········250克
蘑菇··········6朵
姜··········10克
洋葱··········1/2个
胡萝卜··········1/3个
葱花··········少许
水··········300毫升

调味料 * Seasoning
奶油··········30克
盐··········少许
白胡椒粉··········少许
鸡粉··········1大匙
月桂叶··········1片
百里香··········1小匙

做法 * Recipe
1. 去骨鸡腿洗净，切成小块状备用。
2. 将蘑菇洗净切成4等份；姜、胡萝卜洗净切片；洋葱洗净切小丁状，备用。
3. 取1个炒锅，加入1大匙色拉油，再加入鸡肉丁煎至上色。
4. 续放入做法2的所有食材和调味料、水，以中火烩煮至汤汁略收且食材软化。
5. 米饭装入碗中，再将做法4的材料放在饭上，撒上葱花即可。

114 芒果炒鸡柳饭

材料 * Ingredient
鸡柳··········150克
米饭··········250克
腌芒果··········50克
葱··········2根
洋葱··········1/4个
蒜头··········2粒
红甜椒··········1/3个

调味料 * Seasoning
番茄酱··········1大匙
酱油··········1小匙
香油··········1小匙
盐··········少许
白胡椒粉··········少许

做法 * Recipe
1. 鸡柳洗净，切成条状备用。
2. 洋葱、红甜椒洗净切丝；蒜头洗净切片；葱洗净切段，备用。
3. 取1个炒锅，先加入1大匙色拉油，再加入鸡柳条以中火爆香。
4. 续加入做法2的材料和所有调味料翻炒，再加入腌芒果略翻炒。
5. 米饭装入碗中，再将做法4的材料放在饭上即可。

115 干烧牛肉饭

材料 * Ingredient
牛肉片 ………… 150克
米饭 …………… 250克
姜 ……………… 10克
绿豆芽 ………… 50克
蒜头 …………… 2粒
红辣椒 ………… 1/2个
洋葱 …………… 1/3个

调味料 * Seasoning
蚝油 …………… 1大匙
糖 ……………… 1小匙
鸡粉 …………… 1小匙
香油 …………… 1小匙
盐 ……………… 少许
白胡椒粉 ……… 少许

做法 * Recipe
1. 姜、洋葱洗净切丝，绿豆芽洗净，蒜头、红辣椒洗净切丝。
2. 取1个炒锅，先加入1大匙色拉油，再放入牛肉片以大火爆炒。
3. 加入做法1的所有材料翻炒均匀后，再加入所有的调味料一起翻炒均匀。
4. 米饭装入碗中，再将做法3的材料放在饭上即可。

116 洋葱炒牛肉饭

材料 * Ingredient
牛肉片 ………… 150克
米饭 …………… 250克
洋葱 …………… 1/2个
芹菜 …………… 2根
胡萝卜 ………… 20克
蒜头 …………… 2粒
红辣椒 ………… 1/3个

调味料 * Seasoning
奶油 …………… 10克
西式普罗旺斯香料 1小匙
黑胡椒粉 ……… 少许
盐 ……………… 少许

做法 * Recipe
1. 洋葱、胡萝卜洗净切丝；芹菜洗净切丝；蒜头、红辣椒洗净切丝备用。
2. 取1个炒锅，加入1大匙色拉油，以中火爆香做法1的材料。
3. 续加入牛肉片和所有的调味料一起翻炒均匀。
4. 米饭装入碗中，再将做法3的材料放在饭上即可。

美味memo

也可以将牛肉切成较厚些的片状，这样吃起来口感会较厚实且有嚼劲。

117 剁椒蒸鳕鱼饭

材料 * Ingredient
鳕鱼·················1片
米饭··········· 250克
红辣椒··············1个
蒜头·················5粒
葱 ····················2根
姜 ····················5克
水 ··················1/3杯

调味料 * Seasoning
米酒·············2大匙
豆豉·············1大匙
酱油·············1大匙
香油·············1大匙
鸡粉·············1小匙

做法 * Recipe
1. 将鳕鱼洗净放入盘内，加上少许葱段、姜片、米酒（分量外），放入电锅中，外锅加入2/3杯水蒸至开关跳起后取。
2. 将红辣椒、蒜头、葱和姜洗净，剁碎末。
3. 取1个平底锅，加入1大匙色拉油，放入做法2的材料和所有的调味料及水以中小火爆香。
4. 米饭装入碗中，将鳕鱼片放在饭上，再淋上做法3的材料即可。

118 蒜苗香肠饭

材料 * Ingredient
香肠·················2根
米饭··········· 250克
蒜苗·················1根
小黄瓜···············2个
蒜头·················3粒
红辣椒············1/3个

调味料 * Seasoning
香油·············1小匙
辣豆瓣···········1小匙

做法 * Recipe
1. 香肠洗净，切小片状备用。
2. 蒜苗洗净切片；小黄瓜洗净切小块；蒜头、红辣椒洗净切片备用。
3. 起1个炒锅，先加入1大匙色拉油，先加入香肠片以中火爆香。
4. 再加入做法2的所有材料和所有调味料，一起拌炒均匀即可。
5. 米饭装入碗中，再将做法4的材料放在饭上即可。

美味memo
如果大家喜欢快捷的制作方式，也可以直接将全部的材料和米饭一起放入电锅中烹煮，这样煮出来的米饭香气会更浓郁。

119 罗勒三杯鸡饭

材料＊Ingredient

鸡腿……………3个
蒜头……………6粒
老姜……………10克
红辣椒…………1/3个
新鲜罗勒………3根
水…………300毫升

调味料＊Seasoning

盐……………1小匙
糖……………1大匙
米酒……………2大匙
酱油膏…………2大匙

做法＊Recipe

1. 鸡腿切成大块状，放入滚沸的水里面汆烫过水。
2. 蒜头、老姜、红辣椒都洗净切成片状备用。
3. 热锅，倒入香油以小火加热，加入做法2的材料爆香。
4. 加入汆烫好的鸡腿肉翻炒均匀，再加入所有的调味料及水一起拌炒，以中小火收干汤汁，加入新鲜罗勒拌匀，搭配米饭即可。

美味memo

罗勒可选枝叶较嫩的部位，或是直接摘除粗梗与老叶，以免难以入口影响口感，而蒜头与姜片要煎得焦香，风味才会浓郁。

120 鲜虾饭

材料＊Ingredient

美国长米………100克
虾仁……………50克
洋葱……………1个
红葱头…………2个
西红柿…………1个
鸡蛋……………1个

调味料＊Seasoning

A 鸡高汤…… 100毫升
B 鱼露……………少许
　辣椒粉………适量
　酸枳汁………30毫升

做法＊Recipe

1. 将美国长米洗净加水煮熟；虾仁洗净，挑去肠泥；西红柿洗净入开水汆烫后去皮，切小丁；洋葱、红葱头分别洗净切丁备用。
2. 鸡蛋入开水煮熟，剥壳对半切，放入热油锅以大火炸至上色备用。
3. 热油锅，放入红葱头丁、洋葱丁爆香，再将虾仁和西红柿丁下锅略炒，加入鸡高汤煮开后，再放入所有调味料B调味；转小火加入鸡蛋以中火略煮，最后加入饭拌炒至略收汁即可。

121 鲷鱼豆腐丁饭

材料 * Ingredient
鲷鱼片100克、嫩豆腐1盒、葱花10克、鸡蛋1个、热米饭250克

调味料 * Seasoning
A 盐少许、胡椒粉少许、蛋液少许、淀粉少许
B 酱油1大匙、蚝油1/2小匙、味醂1大匙、水4大匙

做法 * Recipe
1. 将调味料B混合均匀；嫩豆腐切丁；鲷鱼片洗净切成与豆腐丁大小相同，接着加入调味料A拌匀；鸡蛋打成蛋液，备用。
2. 热一平底锅，放入少许色拉油，将鲷鱼丁加入锅中煎至上色，接着加入调味料B、豆腐丁煮至入味，再淋入蛋液煮至熟，撒上葱花即可关火。
3. 在热米饭上盖上做法2的材料即完成。

122 水波蛋芦笋饭

材料 * Ingredient
芦笋120克、金针菇1/2把、香菇1大朵、鸡蛋1个、蒜泥5克、热米饭250克、水100毫升

调味料 * Seasoning
酱油1小匙、鸡粉少许、盐少许、胡椒粉少许

做法 * Recipe
1. 鸡蛋打散，煮一小锅水，水滚后加少许盐（分量外），将蛋液倒入，小火煮至蛋清凝固，即为水波蛋，捞起。
2. 芦笋洗净入开水汆烫至熟，捞出后斜切成约3厘米段状；金针菇去蒂、洗净、沥干、切对半；香菇洗净切片。
3. 热一平底锅，放入少许色拉油，加入蒜泥炒香，接着放入香菇片、金针菇略炒，再加入所有调味料及水拌炒均匀，最后加入芦笋段炒匀即可关火。
4. 在热米饭上，盖上做法3的材料及水波蛋即完成。

123 锅巴饭

材料 * Ingredient
黑糯米20克、薏米40克、红豆20克、市售炸好锅巴1片、嫩姜30克、油炸粉10克、辣椒片适量、水适量

调味料 * Seasoning
A 盐少许
B 胡椒粉少许、盐10克、橄榄油15毫升

做法 * Recipe
1. 红豆泡水约1天备用；黑糯米和薏米分别洗净，加水蒸熟；嫩姜切碎；油炸粉先与水揉匀备用。
2. 将红豆蒸熟后，加盐和姜碎、油炸粉水揉成圆饼状，放入160℃的热油中以大火炸至膨起，捞出压碎备用。
3. 将锅巴入油锅炸酥至膨起，捞出压碎，与黑糯米和薏米、辣椒片、做法2的材料及调味料B拌匀即可。

124 香菇饭

材料 * Ingredient
五谷米100克、草鱼片80克、新鲜香菇片60克、蒜片20克、豆角段少许、葱花少许

调味料 * Seasoning
A 无盐奶油15克
B 酱油15毫升、鸡高汤100毫升、胡椒粉少许

做法 * Recipe
1.将五谷米洗净加水蒸熟，草鱼片洗净切块。
2.热油锅，放入草鱼块用大火煎熟，起锅备用。
3.锅中放入无盐奶油加热，以中火炒香蒜片，放入香菇片炒至收汁，加入所有调味料B，用大火煮滚后转小火，放入蒸好的五谷饭、煎熟的草鱼块以及豆角段，一起煨至收汁，撒上葱花即可。

125 雪笋饭

材料 * Ingredient
糙米100克、虾仁5只、草鱼片40克、雪菜50克、笋丝60克、葱花适量、姜末适量

调味料 * Seasoning
鸡粉1小匙、白胡椒粉50毫升、香油适量、鸡高汤50毫升

做法 * Recipe
1.将糙米洗净加水蒸熟；虾仁洗净，挑去肠泥；雪菜洗净，切碎备用。
2.热油锅，放入虾仁、草鱼片一起用大火炒熟，盛起备用。
3.热油锅，爆香葱花、姜末，再放入雪菜碎、笋丝以大火炒香，加入所有调味料后转小火，煮至即将收汁时，将做法2的材料和蒸熟的糙米饭下锅拌炒均匀即可。

126 素菜饭

材料 * Ingredient
泰国香米100克、香菇3朵、小黄瓜20克、胡萝卜20克、红甜椒20克

调味料 * Seasoning
酱油10毫升、香油5毫升、米酒5毫升、七味粉7克、盐5克、橄榄油10毫升

做法 * Recipe
1.将泰国香米洗净，加水蒸熟备用。
2.香菇洗净，沥干水分后切片，与酱油、香油、米酒拌匀，入烤箱以120℃烤5分钟备用。
3.锅中热橄榄油，将小黄瓜、胡萝卜、红甜椒洗净切丁，与香菇一起放入锅中以中火炒熟，拌入蒸好的泰国香米饭及七味粉、盐即可。

127 蒜泥白肉饭

材料 * Ingredient
三层肉350克

酱料 * Sauce
姜2克、蒜头2粒、红辣椒1
个、香菜3根、鸡粉1小匙、
米酒1小匙、酱油膏2大匙

做法 * Recipe
1. 三层肉先洗净，放入冷水中以中火煮至熟，放置待稍凉备用。
2. 将酱料中的蒜头、姜、红辣椒、香菜都切成碎状，放入容器中加入其余的酱料搅拌均匀备用。
3. 将三层肉切成薄片，排入盘中。
4. 食用的时候再淋上做法2的酱汁，搭配米饭即可。

128 洋葱炒咸猪肉饭

材料 * Ingredient
咸猪肉300克、蒜头2
粒、红辣椒1/2个、洋葱
1/2个、葱1根

调味料 * Seasoning
盐少许、米酒1大匙、沙茶
酱1大匙、白胡椒粉少许

做法 * Recipe
1. 咸猪肉以水洗净，再切成条状备用。
2. 蒜头、红辣椒洗净切片；洋葱洗净切丝；葱洗净切段，备用。
3. 热锅，倒入1大匙色拉油，加入做法2的材料以中火爆香，再加入咸猪肉条一起翻炒均匀。
4. 加入所有的调味料一起加入翻炒均匀，搭配米饭即可。

129 小鱼干拌饭

材料 * Ingredient
美国长米80克、绿豆50克、小
西红柿2个、土豆50克、茄子
50克、秋葵2个、小鱼干10克

调味料 * Seasoning
白胡椒粉少许、鱼露1
小匙、蚝油1小匙、鸡
高汤250毫升

做法 * Recipe
1. 将美国长米、绿豆分别洗净蒸熟；小西红柿洗净切丁；土豆洗净去皮切小块；茄子洗净切块；秋葵洗净切长段；小鱼干入热油锅爆香，备用。
2. 热油锅将土豆煎至表面上色，与小鱼干、西红柿、茄子、秋葵大火炒至出水，倒入鸡高汤煮开后转小火，加绿豆与调味料煮至汤汁浓稠、土豆熟透，拌入米饭。

130 沙茶牛肉饭

材料 * Ingredient
牛肉300克、空心菜150
克、姜5克、蒜头2粒、
红辣椒1/3个

调味料 * Seasoning
盐少许、沙茶酱2大匙、
白胡椒粉少许

做法 * Recipe
1.牛肉洗净切成长条状；空心菜洗净切成段状；姜洗净切
　丝；蒜头、红辣椒洗净切片状，备用。
2.热锅，加入1大匙色拉油，加入牛肉条以中火爆香。
3.再加入姜丝、蒜片、辣椒片以中火翻炒均匀，加入空心
　菜及所有调味料炒匀调味，搭配米饭即可。

131 芥末炸鱼片饭

材料 * Ingredient
鲷鱼片 ………… 1片
面粉 ………… 适量

调味料 * Seasoning
盐 ……………… 少许
七味粉 ………… 少许
美乃滋 ………… 20克
白胡椒粉 ……… 少许
日式芥末酱 ……3克

做法 * Recipe
1.鲷鱼片洗净切成小片状，备用。
2.将鲷鱼沾上面粉，放入油温190℃的油锅中炸成金黄色
　备用。
3.取1个容器，加入所有的调味料搅拌均匀备用。
4.将炸好的鲷鱼放在盘中，淋上做法3的淋酱，搭配米饭
　即可。

132 三杯鱿鱼饭

材料 * Ingredient
鱿鱼1只、老姜10克、蒜
头6粒、红辣椒1/3个、
新鲜罗勒3根

调味料 * Seasoning
糖1大匙、盐少许、香油1
大匙、米酒2大匙、酱油
膏2大匙、白胡椒粉少许

做法 * Recipe
1.将鱿鱼头拔除，再将鱿鱼的肚内清洗干净，切小圈状
　后，放入滚沸的水中汆烫备用。
2.老姜洗净切片；红辣椒洗净切段，备用。
3.热锅入香油，以中火爆香做法2的材料、蒜头及调味料。
4.以中小火浓缩做法3的酱汁，再加入汆烫好的鱿鱼与罗
　勒翻炒均匀，搭配米饭即可。

133 葱油鸡腿饭

材料 * Ingredient

鸡腿······················1个
（约300克）
葱丝······················10克
姜丝························2克
红辣椒丝···············2克

调味料 * Seasoning

酱油·······················1小匙
糖·····················1/2小匙
香油·······················1大匙
色拉油···········1/2大匙

做法 * Recipe

1. 将鸡腿洗净，以沸水先汆烫去除血水备用。
2. 取锅放入适量的水煮沸，放入鸡腿，再度沸腾后转小火煮约10分钟熄火，保留的汤汁即为鸡高汤。
3. 盖上锅盖焖约15分钟，取出置冷后切块，淋上与鸡高汤一起拌匀的调味料，摆上葱丝、红辣椒丝、姜丝。
4. 将色拉油与香油加热后，淋在鸡腿肉上，搭配米饭即可。

134 坚果鸡丝饭

材料 * Ingredient

黑糯米···············20克
薏米···················60克
什锦坚果···········60克
鸡胸肉···············60克
绿豆芽···············50克

调味料 * Seasoning

橄榄油···············适量
鸡粉···················适量
盐·······················适量

做法 * Recipe

1. 黑糯米、薏米分别洗净蒸熟，与什锦坚果、鸡粉和橄榄油拌匀备用。
2. 鸡胸肉洗净切丝，放入热油锅中以大火炒熟备用。
3. 绿豆芽洗净，入开水中汆烫，沥干水分，拌入盐和橄榄油后盛盘，再盛入做法1的材料，将炒熟的鸡丝撒于其上即可。

135 滑蛋虾仁烩饭

材料 * Ingredient
虾仁……………10只
鸡蛋………………2个
猪肉丝………50克
绿豆芽………30克
姜………………5克
葱………………1根
水………………适量

调味料 * Seasoning
米酒…………1小匙
香油…………1小匙
盐………………少许
白胡椒粉……少许
水淀粉………1大匙

做法 * Recipe
1.虾仁去除肠泥，放入滚沸的水中余烫备用。
2.猪肉洗净切丝；姜洗净切丝；葱洗净切段；绿豆芽洗净切段，备用。
3.将鸡蛋敲至小碗中搅拌均匀备用
4.热锅，倒入1大匙色拉油，将猪肉丝以中火爆香。
5.再加入做法1、做法2的所有材料翻炒均匀后，加入所有的调味料及水炒匀，续加入蛋液炒开，以水淀粉勾薄芡，食用时淋在米饭上搭配配菜即可。

136 照烧鸡块饭

材料 * Ingredient
去骨鸡腿肉………1个
米饭…………250克
玉米笋…………5根
葱………………1根
姜………………10克
洋葱……………1/2个
开水………350毫升

调味料 * Seasoning
酱油膏………2大匙
糖………………1大匙
米酒…………2大匙
盐………………少许
白胡椒粉………少许

做法 * Recipe
1.去骨鸡腿肉洗净，切成小块状备用。
2.玉米笋洗净斜切；葱洗净切段；姜洗净切片；洋葱洗净切丝，备用。
3.起1个炒锅，先加入1大匙色拉油，放入切好的鸡腿肉爆香。
4.续加入做法2的所有材料以小火翻炒均匀。
5.再加入所有的调味料及开水，以中火烩煮至汤汁略收干即可。
6.米饭装入碗中，再将做法5的材料放在饭上即可。

137 宫保鸡丁烩饭

材料＊Ingredient
鸡腿肉110克、青椒40克、竹笋40克、洋葱20克、葱1根、红辣椒2个、蒜头1粒、米饭225克

调味料＊Seasoning
A 淀粉2小匙、水4小匙
B 蚝油1/2小匙、鸡粉1/2小匙、淀粉适量
C 乌醋1/2小匙、香油1/2小匙、水100毫升

做法＊Recipe
1. 葱洗净切段；红辣椒洗净切小段；青椒、竹笋、洋葱洗净并切块；调味料A调制成水淀粉；鸡腿肉洗净并切丁，以调味料B腌至入味，以中火快炒后即盛起，备用。
2. 青椒、竹笋、洋葱以沸水汆烫后捞起备用。
3. 热油锅，将蒜头、葱段、红辣椒下锅爆香，再将鸡肉丁、做法2的材料及调味料C（香油除外）下锅煮至水滚沸时，将水淀粉慢慢倒入锅中勾芡，稍加搅拌再滴入香油，起锅淋在米饭上即可。

138 沙茶滑蛋牛肉烩饭

材料＊Ingredient
牛肉……………… 350克
葱 ………………… 1根
洋葱 ……………… 1/3个
玉米笋 …………… 5根
芹菜……………… 30克
胡萝卜 …………… 10克
鸡蛋……………… 2个

调味料＊Seasoning
沙茶酱 ………… 1小匙
盐 ………………… 少许
白胡椒粉 ……… 少许
水淀粉 ………… 1小匙

做法＊Recipe
1. 牛肉洗净切长条状，沾上淀粉，放入约60℃温水中余烫一下再捞起；鸡蛋打散成蛋液备用。
2. 将洋葱、玉米笋都洗净切成丝状；芹菜洗净切段；胡萝卜洗净切片备用。
3. 热锅，加入1大匙色拉油，加入做法2的材料一起翻炒均匀。
4. 加入余烫好的牛肉条与所有调味料，翻炒至入味，拌入蛋液炒匀再以水淀粉勾芡即可。

139 三鲜烩饭

材料 * Ingredient
墨鱼⋯⋯⋯⋯1/2只
虾仁⋯⋯⋯⋯⋯7只
鱼片⋯⋯⋯⋯1/2片
蒜头⋯⋯⋯⋯⋯2粒
红辣椒⋯⋯⋯1/2个
芹菜⋯⋯⋯⋯⋯2根
葱⋯⋯⋯⋯⋯⋯1根
米饭⋯⋯⋯⋯250克

调味料 * Seasoning
盐⋯⋯⋯⋯⋯少许
白胡椒粉⋯⋯⋯少许
水淀粉⋯⋯⋯1大匙

做法 * Recipe
1. 墨鱼去除头及内脏后洗净，切成片状；虾仁洗净，去肠泥；鱼片洗净切成小片状，备用。
2. 煮一锅沸水，将做法1的所有海鲜料放入沸水中汆烫备用。
3. 蒜头、红辣椒洗净切片；葱、芹菜洗净切段，备用。
4. 热锅，倒入1大匙色拉油，加入做法3的材料爆香，再加入汆烫好的所有海鲜料、所有调味料，以中火搅拌均匀，以水淀粉勾薄芡，食用时淋在米饭上即可。

140 咕噜肉烩饭

材料 * Ingredient
梅花肉120克、菠萝10克、青椒10克、红甜椒10克、黄甜椒10克、葱1根、蒜头3粒、米饭250克、水2小匙、鸡蛋1个

调味料 * Seasoning
A 淀粉1小匙
B 盐适量、淀粉1大匙
C 乌醋1大匙、番茄酱1大匙、糖1大匙

做法 * Recipe
1. 青椒、红甜椒、黄甜椒洗净并切块；葱洗净切段；蒜头用刀背拍碎并切末；调味料A及水调制成水淀粉备用。
2. 梅花肉洗净并切小块状，以盐、鸡蛋均匀搅拌，腌至入味后，再沾上淀粉备用。
3. 取锅倒入油烧热至150℃时，将梅花肉下锅，炸熟后捞起沥干备用。
4. 另起热油锅，将葱、蒜泥下锅爆香，再将青椒、红甜椒、黄甜椒及调味料C下锅煮开，将水淀粉慢慢倒入锅中勾芡，再把梅花肉下锅拌炒至入味，盛起淋在米饭上即可。

141 罗汉斋烩饭

材料 * Ingredient
芦笋·················2根
鲜冬菇·············10克
新鲜香菇·········10克
胡萝卜·············10克
竹笋·················10克
银耳·················10克
黑木耳·············10克
水·················150毫升

调味料 * Seasoning
A 淀粉·········2小匙
　水·············4小匙
B 素蚝油·········1小匙
C 香油·············1小匙

做法 * Recipe
1. 将所有材料洗净。芦笋切段；鲜冬菇、新鲜香菇对切；胡萝卜、竹笋、银耳、黑木耳切片；调味料A调制成水淀粉，备用。
2. 热油锅，加入水及做法1的材料与素蚝油煮至滚沸，将水淀粉慢慢倒入锅中勾芡，再滴入香油即可起锅，淋在米饭上即可。

142 广州烩饭

材料 * Ingredient
上海青·············4棵
叉烧·················4片
海参·················35克
新鲜干贝·········4个
新鲜香菇·········4朵
胡萝卜·············15克
葱·················1根
姜片·················4片
米饭·················250克
高汤·············100毫升

调味料 * Seasoning
A 淀粉·········3小匙
　水·············5小匙
B 蚝油·············1小匙

做法 * Recipe
1. 将新鲜干贝、海参、新鲜香菇、胡萝卜分别洗净并切成片状；葱洗净并切成段；将调味料A调制成水淀粉备用。
2. 将所有材料(葱段、米饭除外)分别以沸水汆烫后捞起沥干，待凉备用。
3. 热油锅，将葱段下锅爆香，再加入高汤煮开，将做法3的材料与蚝油下锅煮开，再将水淀粉慢慢倒入锅中勾芡，起锅淋在米饭上即可。

143 牛肉烩饭

材料＊Ingredient
牛肉	120克
西红柿	1个
葱	1根
鸡蛋	1个
米饭	250克
水	160毫升

调味料＊Seasoning
A 淀粉	4小匙
水	适量
B 淀粉	2小匙
水	4小匙
C 盐	1/4小匙
鸡粉	1/4小匙

做法＊Recipe

1. 牛肉洗净并切片，用调味料A拌匀腌至入味后，以中火快炒过油后，随即捞起沥干备用。
2. 西红柿洗净切块；葱洗净切段；鸡蛋打散成蛋液；调味料B调制成水淀粉备用。
3. 热油锅，将葱段爆香，放入西红柿、水一起煮至汤汁滚沸，放入牛肉、盐、鸡粉继续煮至汤汁再度滚沸时，将水淀粉慢慢倒入锅中勾芡，再将蛋液下锅稍微搅拌一下起锅，淋在米饭上即可。

144 蔬菜咖喱烩饭

材料＊Ingredient
西红柿	150克	玉米笋	200克
洋葱	100克	水	5杯
土豆	200克	市售咖喱块	6小块
胡萝卜	150克	（约125克）	
蘑菇	200克	米饭	适量

做法＊Recipe

1. 西红柿洗净切块；洋葱去膜切片；土豆洗净去皮切块状；胡萝卜洗净去皮切块状；蘑菇洗净对半切；玉米笋洗净切小块备用。
2. 取一电饭锅内锅，加入水、西红柿块、洋葱片、土豆块和胡萝卜块，放入电饭锅中，外锅加1杯水，按下开关。
3. 待开关跳起后，放入市售咖喱块，搅拌均匀后，放入蘑菇和玉米笋块，外锅加1.5杯水，按下开关，待开关跳起即可。（若觉得咖喱不够浓稠，可继续加热到呈浓稠状。）
4. 米饭盛入盘中，淋入适量做法3的蔬菜咖喱酱即可。

145 滑蛋牛肉烩饭

材料 * Ingredient
牛肉片⋯⋯⋯130克
米饭⋯⋯⋯⋯250克
洋葱⋯⋯⋯⋯1/2个
葱⋯⋯⋯⋯⋯1根
蒜头⋯⋯⋯⋯2粒
红辣椒⋯⋯⋯1/2个
鸡蛋⋯⋯⋯⋯1个
水⋯⋯⋯⋯180毫升

调味料 * Seasoning
酱油膏⋯⋯⋯1大匙
香油⋯⋯⋯⋯1小匙
淀粉⋯⋯⋯⋯1小匙

做法 * Recipe
1. 洋葱洗净切成丝状；葱洗净切段；蒜头、红辣椒洗净切片，备用。
2. 热锅，先加入1大匙色拉油，再加入做法1的所有材料及水以中火拌炒均匀。
3. 续将牛肉片和所有的调味料（淀粉先不加入）加入翻炒，再加入蛋液拌匀后勾薄芡。
4. 米饭装入碗中，再将做法3的材料放在饭上即可。

---

146 薏米牛肉烩饭

材料 * Ingredient
牛肉⋯⋯⋯⋯150克
米饭⋯⋯⋯⋯250克
西芹⋯⋯⋯⋯2根
胡萝卜⋯⋯⋯1/3个
蒜头⋯⋯⋯⋯2粒
薏米⋯⋯⋯⋯100克
大西红柿⋯⋯1个
葱花⋯⋯⋯⋯少许

调味料 * Seasoning
什锦香料⋯⋯1小匙
盐⋯⋯⋯⋯⋯少许
黑胡椒粉⋯⋯少许
番茄酱⋯⋯⋯1小匙

做法 * Recipe
1. 牛肉、胡萝卜、西芹、大西红柿都洗净切成丁状；蒜头切片；薏米以冷水泡约1小时至软，备用。
2. 取1个平底锅，先加入1大匙色拉油，再放入切好的牛肉丁以大火爆香。
3. 续加入做法1的其余材料翻炒均匀后，加入所有的调味料以中小火烩煮至汤汁略收。
4. 米饭装入碗中，再将做法3的材料放在饭上，撒上葱花即可。

147 牡蛎烩饭

材料 * Ingredient

牡蛎·············120克
米饭·············250克
蒜苗················1根
蒜头················2粒
红辣椒·············1/3个

调味料 * Seasoning

破布子·········2大匙
盐·················少许
白胡椒粉·········少许
糖················1小匙
米酒·············2大匙
香油·············1小匙
淀粉·············1小匙
酱油·············1大匙

做法 * Recipe

1. 牡蛎泡入水中轻轻搓洗干净，沥干水分，沾上少许淀粉（分量外）备用。
2. 蒜苗洗净切小丁；蒜头、红辣椒先净切片状，备用。
3. 热锅，先加入1大匙色拉油，放入做法2的材料以中火爆香。
4. 再加入所有的调味料以中火烩炒均匀，最后放入牡蛎焖煮约1分钟。
5. 米饭装入碗中，再将做法4的材料放在饭上即可。

148 蒜香鱼丁烩饭

材料 * Ingredient

鲷鱼················1片
米饭·············250克
西芹················2根
胡萝卜············50克
玉米笋·············2根
蒜头················5粒
红辣椒·············1/3个
水··············100毫升

调味料 * Seasoning

黑胡椒·············少许
盐·················少许
香油·············1小匙
鸡粉·············1小匙
米酒·············2大匙

做法 * Recipe

1. 鲷鱼洗净切成小丁状，再放入开水中汆烫后，捞起沥干备用。
2. 将西芹、胡萝卜、玉米笋都洗净切成小丁状；蒜头、红辣椒洗净切成切片备用。
3. 热锅，先加入1大匙色拉油，以中火将做法2的材料炒香。
4. 加入鲷鱼丁和所有的调味料及水后，再轻轻地翻炒均匀。
5. 米饭装入碗中，再将做法4的材料放在饭上即可。

149 葡式烩饭

材料 * Ingredient
新鲜干贝35克、虾仁35克、圆鳕鱼35克、洋葱15克、咖喱粉1小匙、青椒15克、红甜椒15克、米饭250克

调味料 * Seasoning
A 淀粉2小匙、水3小匙
B 奶油1小匙、椰汁1小匙、冰糖1/4小匙、鸡粉1/4小匙、水150毫升

做法 * Recipe
1. 新鲜干贝、圆鳕鱼、青椒、红甜椒洗净切丁，以沸水汆烫后捞起沥干；虾仁洗净去肠泥；洋葱洗净切丁；调味料A调制成水淀粉备用。
2. 奶油放入锅加热，放洋葱、咖喱粉爆香，再加入调味料B煮至汤汁沸腾，加入做法1的其他材料拌匀，将水淀粉慢慢倒入锅中勾芡，略微搅拌一下，起锅淋在米饭上即可。

150 西红柿蛋烩饭

材料 * Ingredient
西红柿2个、米饭250克、蒜头2粒、洋葱1/3个、鸡蛋2个、葱花少许、水150毫升

调味料 * Seasoning
鸡粉1小匙、盐少许、白胡椒粉少许

做法 * Recipe
1. 西红柿洗净，切成小丁状；洋葱洗净切小丁；蒜头切片。
2. 取1个炒锅，先加入1大匙色拉油，再放入做法1的所有材料以中火爆炒均匀。
3. 加入所有的调味料及水一起翻炒，再将拌匀的蛋液加入，这时可先关火，蛋的口感会较嫩、较好吃。
4. 米饭装入碗中，放上做法3的材料，撒上葱花即可。

151 香菇鸡肉烩饭

材料 * Ingredient
去骨鸡腿1个、米饭250克、香菇6朵、竹笋1根、蒜头2粒、葱2根、红辣椒1个、水120毫升

调味料 * Seasoning
黄豆酱1大匙、酱油1大匙、糖1大匙、香油1小匙

做法 * Recipe
1. 去骨鸡腿肉洗净，切成大块状备用。
2. 香菇洗净分切4等份；竹笋洗净切小块状；蒜头、红辣椒洗净切片；葱洗净切段，备用。
3. 取1个平底锅，加入1大匙色拉油，再加入切好的鸡腿肉炒至上色，续加入做法2的所有材料以中火翻炒均匀。
4. 加入所有的调味料烩煮至蔬菜熟软且入味。
5. 米饭装入碗中，再将做法4的材料放在饭上即可。

152 京酱肉丝烩饭

材料 * Ingredient
蒜头·············3粒
米饭··········250克
葱·················2根
洋葱·············1/3个
梅花肉········300克
红辣椒············1个

调味料 * Seasoning
甜面酱········2大匙
香油············1小匙

腌料 * Pickle
酱油············1大匙
淀粉············1大匙
盐·················少许
白胡椒粉·········少许

做法 * Recipe
1. 蒜头、红辣椒洗净切片；洋葱、葱洗净切丝；梅花肉洗净切丝，放入混合拌匀的腌料中腌约15分钟备用。
2. 起1个炒锅，加入1大匙色拉油，加入梅花肉丝炒匀。
3. 续加入做法1的其余材料和所有调味料，以中火翻炒均匀。
4. 米饭装入碗中，再将做法3的材料放在饭上即可。

153 咖喱鸡肉烩饭

材料 * Ingredient
鸡胸肉·········1/2块
胡萝卜··········50克
土豆··············60克
蒜泥···········1/2小匙
水············500毫升
米饭··········250克

调味料 * Seasoning
A 咖喱粉········1大匙
　盐···········1/2小匙
　糖···········1/4小匙
B 淀粉············1小匙
　水············1.5大匙

腌料 * Pickle
盐·············1/2小匙
糖·············1/4小匙
淀粉············1小匙

做法 * Recipe
1. 将鸡胸肉、胡萝卜、土豆洗净，分别切成2厘米的立体丁状；再将鸡肉丁与所有腌料一起拌匀，备用。
2. 取锅烧热，加入2大匙色拉油，待热后放入鸡肉丁煎炒至变白，再加入蒜泥及咖喱粉，炒约1分钟。
3. 锅中加入500毫升的水与其他调味料A，再加入胡萝卜丁、土豆丁，煮至胡萝卜软嫩后，加入调味料B勾芡，最后淋在米饭上即可。

154 什锦海鲜烩饭

材料 ∗ Ingredient	调味料 ∗ Seasoning
墨鱼·············60克	A 盐···············1小匙
鱿鱼·············30克	鸡粉··············1小匙
虾仁·············30克	糖···············1小匙
鱼板片··········20克	米酒············1大匙
猪肉·············40克	白胡椒粉·····少许
胡萝卜片·········5克	B 水淀粉········2大匙
葱段·············适量	香油·············1小匙
上海青···········2棵	
米饭···········250克	
水···········300毫升	

做法 ∗ Recipe

1. 米饭盛入大碗中，表面放上烫熟的上海青。
2. 墨鱼、鱿鱼洗净切兰花刀，虾仁去肠泥后洗净，猪肉洗净切片，再分别氽烫、捞起沥干。
3. 热锅，加入适量色拉油，放入葱段爆香，再加入胡萝卜片、鱼板片与做法2的材料，续加入调味料A及水拌炒均匀。
4. 锅中加入水淀粉勾芡，再滴入香油拌匀后熄火盛起，取适量淋在上海青上即可。

155 土豆鸡烩饭

材料 ∗ Ingredient	调味料 ∗ Seasoning
鸡胸肉 ············1片	鸡粉············1小匙
米饭·············250克	酱油············1小匙
土豆···············1个	白胡椒粉·····少许
玉米粒·········80克	盐···············少许
蒜头···············2粒	香油············1小匙
红辣椒··········1/3个	
水···············少许	

做法 ∗ Recipe

1. 鸡胸肉洗净，切成小丁状备用。
2. 土豆去皮洗净，切成小丁状；蒜头和红辣椒切片备用。
3. 取1个炒锅，加入1大匙色拉油，再加入鸡肉丁以中火爆香。
4. 加入玉米粒与做法2的所有材料一起翻炒均匀，再加入所有的调味料及水翻炒。
5. 米饭装入碗中，再将做法4的材料放在饭上即可。

156 上海青煲仔饭

材料 * Ingredient
大米············155克
咸肉············ 50克
（或火腿）
上海青 ··········1棵
水············ 240克

调味料 * Seasoning
盐 ············ 1/4小匙
糖 ············ 1/4小匙
胡椒粉 ·········· 少许
油············1小匙

做法 * Recipe
1. 咸肉稍微冲洗后切成四方形的小片。
2. 上海青洗净，切成约1厘米长的小段备用。
3. 大米略洗净，泡水1小时后沥干，放入砂锅中加入水。
4. 将处理好的咸肉放入砂锅中。
5. 加盖以大火煮开，续以大火煮至锅边缘冒出小水泡时，加入调味料。
6. 再将处理好的上海青放入砂锅中，并稍微搅拌。
7. 续煮至水分收干后转小火。
8. 以小火续煮5分钟后熄火，闷15分钟即可。

157 鸡粒煲仔饭

材料 * Ingredient
长籼米 ··········1.5杯
水 ············1.5杯
鸡胸肉··········150克
咸鲭鱼 ·········· 20克
葱花 ············1小匙
红薯叶 ·········· 50克

调味料 * Seasoning
蚝油············1小匙
糖 ············ 1/4小匙
米酒············1小匙
胡椒粉 ·········· 适量
香油············ 1/2小匙
淀粉············1小匙

做法 * Recipe
1. 把长籼米洗净，放入砂锅，加水浸泡约1小时。
2. 把鸡胸肉洗净、切小丁，加入所有调味料腌约15分钟，备用。
3. 将咸鲭鱼洗净切小丁，热一炒锅，加入少量色拉油煎咸鲭鱼丁至呈金黄色，捞出后加入鸡胸肉中拌匀，备用。
4. 将做法1的材料放置炉上，盖上锅盖，以中小火煮至水滚沸，接着转小火煮约5分钟至表面水分吸干。
5. 把做法3的材料放在饭上，盖上锅盖，续以小火煮约10分钟，熄火后再闷约15分钟，最后排入氽烫熟的红薯叶，再撒上葱花即可。

158 牡蛎煲仔饭

材料 * Ingredient
大米…………155克
咸菜…………80克
牡蛎…………300克
姜丝…………20克
红辣椒末………少许
水…………240毫升

调味料 * Seasoning
色拉油…………1大匙

腌料 * Pickle
盐…………1/4小匙
淀粉…………1/2小匙
香油…………1/2小匙
胡椒粉…………少许

做法 * Recipe
1. 大米略洗净，泡水1小时后沥干。
2. 咸菜略洗后切碎，牡蛎以少许盐抓洗后冲净、沥干。
3. 将做法2处理好的材料放入碗中，加入姜丝、红辣椒末及腌料混合均匀。
4. 将泡好的米放入砂锅中，加水后加盖以大火煮开。
5. 待砂锅内水分烧干后转小火，开盖均匀铺上做法3腌好的材料。
6. 沿砂锅边淋上油，加盖以小火续煮5分钟，熄火后闷15分钟即可。

159 咖喱煲仔饭

材料 * Ingredient
大米…………155克
鸡腿肉…………1/2个
洋葱丁…………50克
胡萝卜…………30克
西蓝花…………少许
水…………240毫升

调味料 * Seasoning
酱油…………适量
椰汁…………50毫升

腌料 * Pickle
咖喱粉…………30克
淀粉…………1/2小匙
盐…………1小匙
糖…………1/4小匙

做法 * Recipe
1. 大米略洗净，泡水1小时后沥干；西蓝花洗净烫熟。
2. 鸡肉洗净、切小块，胡萝卜去皮洗净、切小块，与洋葱丁一起加入腌料拌匀腌一下。
3. 将泡好的米放入砂锅中，加水后加盖以大火煮开。
4. 待砂锅内水分烧干后转小火，开盖均匀铺上做法2腌好的材料。
5. 沿砂锅边淋上油，加盖以小火续煮3分钟，开盖淋上酱油与椰汁，再加盖煮2分钟，熄火后闷15分钟，开盖排上余烫的西蓝花即可。

160 牛肉煲仔饭

材料＊Ingredient
长粒籼米1.5杯、水
1.5杯、牛肉片150
克、杏鲍菇1个、红
薯叶少许

调味料＊Seasoning
A 蚝油1小匙、酱油1/4小
匙、糖1/4小匙、米酒
1小匙、黑胡椒粉1/2小
匙、淀粉1小匙
B 奶油1/2小匙

做法＊Recipe
1. 把长粒籼米洗净，放入砂锅内，接着加水浸泡约
   1小时，备用。
2. 把牛肉片洗净，加入所有调味料A一起抓匀，腌
   约15分钟后，加入切成片状的杏鲍菇，备用。
3. 将米连同锅放置炉上，盖上锅盖，以中小火煮至
   水沸，转小火煮约5分钟至表面水分吸干。
4. 将做法2的材料放在饭上，盖上锅盖，续以小火
   煮约10分钟，熄火加入奶油闷约15分钟，最后排
   入余烫熟的红薯叶即可。

161 红薯煲仔饭

材料＊Ingredient
大米·············155克
红薯·············100克
芋头·············100克
烧海苔·············1片

调味料＊Seasoning
水·············240毫升
盐·············1小匙
色拉油·············1小匙
酱油·············1小匙

做法＊Recipe
1. 大米略洗净，泡水1小时后沥干。
2. 红薯、芋头均洗净、去皮、切丁；烧海苔剪成小
   长条，备用。
3. 将泡好的米放入砂锅中，加入红薯、芋头及盐、
   水后加盖以大火煮开（若水满溢则将盖掀开或
   半开）。
4. 待砂锅内水分烧干后转小火，沿砂锅内边淋上
   油，加盖以小火续煮3分钟。
5. 将砂锅开盖，淋上酱油再加盖煮2分钟，熄火后
   闷15分钟，撒上海苔丝即可。

162 葱花蛋饭团

材料 * Ingredient
A 米饭适量
B 辣萝卜干适量、炒酸菜适量、雪里蕻适量、葱花蛋适量、油条适量

做法 * Recipe
　　取适量米饭，平铺于装有棉布的塑料袋上，依序放入材料B的食材，捏紧整成长椭圆形的饭团，并略施力度，压卷至紧实即可。

辣萝卜干

材料：
萝卜干（切丁）100克、蒜片适量、红辣椒（切圈）1个、糖1/2小匙、色拉油适量

做法：
　　萝卜干放入开水中略汆烫，捞起沥干切丁备用。热锅，加入适量食用油，放入萝卜干充分拌炒，再放入蒜泥、红辣椒圈和糖拌炒入味即可。

雪里蕻

材料：
雪菜150克、红辣椒1个、糖1/2大匙、色拉油适量

做法：
　　雪菜洗净切粗丁状，入锅汆烫后捞起沥干；红辣椒去籽切丝备用。锅烧热，将雪菜放入，炒干水分后盛起备用，原锅倒入适量色拉油，放入糖煮匀，再放入雪菜、红辣椒丝拌炒入味即可。

炒酸菜

材料：
酸菜200克、红辣椒1个、姜15克、糖1大匙、色拉油适量

做法：
　　酸菜切细条状，略冲水后入锅汆烫，捞起沥干；姜、红辣椒切细条状备用。锅烧热，酸菜放入，炒干水分后盛起备用，原锅倒入适量色拉油，将姜丝炒香，放入糖、酸菜、红辣椒丝拌炒均匀入味即可。

葱花蛋

材料：
葱1根、鸡蛋2个、水1大匙、盐少许、胡椒粉少许、鸡粉少许

做法：
　　葱切成葱花，与其他材料一起混合拌匀。锅烧热，加入适量色拉油，倒入葱花蛋液煎至金黄色，再切块即为葱花蛋。

163 肉松卤蛋饭团

材料＊Ingredient

A 大米 ·············1杯
　十谷米 ··········1杯

B 辣萝卜干 ·····1大匙　　雪里蕻 ········1大匙
　（做法请见P86）　　（做法请见P86）
　炒酸菜 ·····1大匙　　肉松 ··········1大匙
　（做法请见P86）　　卤蛋 ··········1/2个

做法＊Recipe

1. 大米洗净、沥干；十谷米洗净、泡温水2小时，备用。
2. 将做法1的材料混合并加入2杯水，入锅依一般煮饭方式煮至电饭锅开关跳起，再焖约10分钟，即为十谷米饭。
3. 取120克煮好的十谷米饭，平铺于装有棉布的塑料袋上，依序放入材料B的食材，捏紧成长椭圆形的饭团，并略施力度，压卷至紧实即可。

164 酸菜饭团

材料＊Ingredient

A 紫米 ··········40克
　黑豆 ··········30克
　大米 ·············2杯

B 辣萝卜干 ·····1大匙　　雪里蕻 ········1大匙
　（做法请见P86）　　（做法请见P86）
　炒酸菜 ·····1大匙　　金枪鱼（罐头）1大匙
　（做法请见P86）　　葱花蛋 ········1小片
　　　　　　　　　　油条 ··········1小段

做法＊Recipe

1. 紫米洗净泡温水2小时、沥干；大米洗净沥干，放置1小时；黑豆洗净，以干锅炒香。
2. 做法1的材料放入电饭锅中，加入2杯水，依一般煮饭方式煮至开关跳起，再焖10分钟。
3. 取120克饭，平铺于装有棉布的塑料袋上，依序放入材料B的食材，捏紧成长椭圆形的饭团，并略施力度，压卷至紧实即可。

165 皮蛋瘦肉粥

材料 * Ingredient
大米…………100克
猪瘦肉丝……100克
皮蛋……………1个
油条…………适量
葱花…………适量
高汤……1200毫升

调味料 * Seasoning
盐…………1/2小匙
鸡粉………1/2小匙

做法 * Recipe
1.大米洗净，泡水约1小时后沥干水分备用。
2.猪瘦肉丝洗净沥干水分；皮蛋去壳切小块；油条切小段，放入烤箱中烤至酥脆备用。
3.将大米放入汤锅中，加入高汤以中火煮至滚开，稍微搅拌后改小火熬煮约30分钟，加入猪瘦肉丝后改中火煮至滚沸，续转小火煮至肉丝熟透，以调味料调味后加入皮蛋拌匀，最后撒上油条即可。

美味memo
搭配粥吃的油条最好能选择老油条，香气和嚼劲都更好，尤其再次烤酥之后再加入粥里一起吃，更能享受到酥脆的口感。

166 滑蛋牛肉粥

材料 * Ingredient
牛肉…………225克
鸡蛋……………2个
广东粥底………8杯
（做法见P89）
嫩肉粉………少许
淀粉…………少许

调味料 * Seasoning
胡椒粉…………少许
盐…………1.5小匙
鸡粉………1小匙
香油…………少许

做法 * Recipe
1.牛肉洗净，切片，再与少许盐、嫩肉粉、淀粉拌匀，腌约10分钟至软化入味；鸡蛋打散成蛋液备用。
2.取一深锅，倒入8杯广东粥底以小火煮开，放入牛肉片，煮开后再煮2分钟，最后将蛋液淋在粥上，顺时针搅匀即可。

美味memo
嫩肉粉所含的酵素能够破坏肉类的结缔组织和筋脉，尤其是牛肉的纤维较猪肉、鸡肉都长，更需要利用嫩肉粉软化；青木瓜、苏打粉、玉米粉都可以作为制作嫩肉粉的材料，在一般超市就可以购买得到。

167 广东粥

材料 ✽ Ingredient

A 米饭200克、猪骨汤700毫升、鸡蛋1个、葱花5克、油条10克

B 皮蛋（切小块）1个、猪肉泥50克、墨鱼（切丝）30克、猪肝（切薄片）25克、玉米粒（罐头）25克

调味料 ✽ Seasoning

盐1/8小匙、白胡椒粉少许、香油1/2小匙

做法 ✽ Recipe

1. 将米饭放入大碗中，加入约50毫升的水，用大汤匙将有结块的米饭压散，备用。
2. 取一锅，将猪骨汤倒入锅中煮开，再放入压散的米饭，煮滚后转小火，续煮约5分钟至米粒糊烂（不加玉米粒即为广东粥底）。
3. 加入所有材料B，并用大汤匙搅拌均匀，再煮约1分钟后加入盐、白胡椒粉、香油拌匀，接着淋入打散的蛋液，拌匀凝固后熄火。
4. 起锅装碗后，可依个人喜好撒上葱花及油条搭配食用。

168 台式咸粥

材料 ✽ Ingredient

米饭	350克
猪肉丝	80克
香菇	3朵
虾米	30克
红葱头片	15克
油葱酥	适量
高汤	900毫升
芹菜末	少许

调味料 ✽ Seasoning

盐	1/2小匙
鸡粉	1/2小匙
糖	少许
米酒	少许

腌料 ✽ Pickle

盐	少许
淀粉	少许
米酒	少许

做法 ✽ Recipe

1. 猪肉丝洗净沥干水分，放入大碗中，加入所有腌料拌匀腌约1分钟，再放入热油锅中快炒至变色，盛出沥干油备用。
2. 香菇洗净泡软后切丝；虾米洗净泡入加了少许米酒的水中浸泡至软，捞出沥干水分，备用。
3. 热锅，倒入少许色拉油烧热，放入红葱头片以小火爆香，再放入做法2的材料炒香；续加入猪肉丝拌炒均匀，倒入高汤改中火煮至沸腾，再加入米饭改小火拌煮至略浓稠；最后以其余调味料调味，再撒上油葱酥和少许芹菜末即可。

169 猪肝粥

材料 * Ingredient
米饭300克、猪肝150克、菠菜50克、姜丝15克、高汤800毫升

调味料 * Seasoning
盐1/4小匙、鸡粉1/4小匙、米酒1/2大匙、白胡椒粉少许

腌料 * Pickle
盐少许、淀粉少许、米酒少许

做法 * Recipe
1. 猪肝洗净沥干水分，放入大碗中，加入所有腌料拌匀并腌约5分钟，再放入开水中汆烫至变色，立即捞出沥干水分备用。
2. 菠菜洗净，沥干水分后切小片备用。
3. 汤锅中倒入高汤以中火煮至沸腾，放入米饭后改小火拌煮至略浓稠，加入做法1、做法2的材料及姜丝续煮约1分钟，最后加入所有调味料调味即可。

170 双色红薯粥

材料 * Ingredient
红心红薯········150克
黄心红薯········150克
大米············150克
水···········1800毫升

调味料 * Seasoning
冰糖············· 80克

做法 * Recipe
1. 两种红薯一起洗净，去皮切滚刀块备用。
2. 大米洗净，泡水约30分钟后沥干水分备用。
3. 汤锅中倒入水和大米以中火拌煮至沸腾，放入红薯再次煮至沸腾，转小火并加盖焖煮约20分钟，最后加入冰糖调味即可。

171 海鲜粥

材料 * Ingredient
A 米饭200克、猪骨汤
700毫升、鸡蛋1个
B 墨鱼（切丝）25克、
虾仁（切丁）30克、
鱼片30克、牡蛎25克

调味料 * Seasoning
盐1/8小匙、白胡椒粉
少许、香油1/2小匙

做法 * Recipe
1. 将米饭放入大碗中，加入约50毫升的水，用大汤匙将有结块的米饭压散，备用。
2. 取一锅，将猪骨汤倒入锅中煮开，再放入压散的米饭，煮滚后转小火，续煮约5分钟至米粒糊烂。
3. 加入所有材料B，并用大汤匙搅拌均匀，再煮约1分钟后加入盐、白胡椒粉、香油拌匀，接着淋入打散的蛋液拌匀凝固后，熄火装碗即可。

172 虱目鱼粥

材料 * Ingredient
虱目鱼1/2条、葱1/2
根、姜19克、水6碗、
白粥1碗

调味料 * Seasoning
盐1小匙、胡椒粉1/4小
匙、米酒1小匙

做法 * Recipe
1. 虱目鱼洗净去除鱼皮，再去除中间的鱼骨及边刺（鱼骨保留），切成长条形的鱼块；姜洗净切丝；葱洗净切成葱花和葱段，备用。
2. 水、鱼骨、少许米酒（分量外）、2/3分量的姜丝、葱段放入锅中，一起焖煮约1小时，过滤后即为鱼骨高汤。
3. 鱼骨高汤中，放入剩余姜丝、白粥、盐、胡椒粉、米酒拌匀，盛出放在碗中。
4. 将虱目鱼块氽烫至七分熟，放入粥中，撒上葱花即可。

173 鱼片粥

材料 * Ingredient
米饭300克、去骨鲜鱼片200克、生菜100克、蒜苗丝适量、姜汁1小匙、高汤750毫升

调味料 * Seasoning
A 盐1/2小匙、鸡粉少许、米酒1小匙、白胡椒粉少许
B 盐少许、淀粉少许、米酒少许

做法 * Recipe
1. 去骨鲜鱼片洗净沥干，放入大碗中，加入调味料B拌匀并腌约1分钟，再放入开水中汆烫至变色，立即捞出沥干。
2. 生菜剥下叶片洗净，沥干水分后切小片备用。
3. 汤锅中倒入高汤以中火煮沸，放入米饭改小火拌煮至略浓稠，加入做法1、做法2的材料续煮约1分钟，再加入调味料A调味，最后加入姜汁和蒜苗丝煮匀即可。

174 银鱼粥

材料 * Ingredient
米饭250克、银鱼100克、葱花适量、蒜泥20克、高汤650毫升

调味料 * Seasoning
盐1/4小匙、鸡粉1/4小匙、米酒1小匙、白胡椒粉少许

做法 * Recipe
1. 银鱼洗净沥干水分备用。
2. 热锅，倒入1大匙色拉油烧热，放入蒜泥以小火爆香至呈金黄色，盛出。
3. 汤锅中倒入高汤以中火煮至滚沸，放入米饭改小火拌煮至略浓稠，加入银鱼继续拌煮均匀，再加入所有调味料调味，最后加入葱花和蒜泥煮匀即可。

175 虾仁粥

材料 * Ingredient
米饭200克、猪骨高汤700毫升、草虾仁120克、姜末5克、鸡蛋1个、葱花5克、油条10克

调味料 * Seasoning
盐1/8小匙、白胡椒粉少许、香油1/2小匙

做法 * Recipe
1. 草虾仁背部划开、去肠泥，洗净；米饭放入大碗中，加入约50毫升的水压散，备用。
2. 将猪骨高汤煮沸，放入米饭，煮沸后转小火，续煮5分钟，加入草虾仁、姜末拌匀，再煮1分钟。
3. 加入调味料，淋入打散的蛋液，再放入葱花、油条即可。

176 牡蛎粥

材料 * Ingredient
米饭300克、牡蛎150克、韭菜花40克、油葱酥适量、高汤850毫升、红薯粉适量

调味料 * Seasoning
A 米酒1/2大匙、盐1/2小匙、鸡粉1/2小匙、白胡椒粉少许
B 姜汁少许、料理米酒少许

做法 * Recipe
1. 牡蛎洗净沥干，放入大碗中，加入调味料B拌匀备用。
2. 韭菜花洗净，沥干水分后切小粒备用。
3. 汤锅中倒入高汤以中火煮沸，放入米饭改小火再煮至沸。
4. 牡蛎均匀沾上红薯粉，放入做法3的汤锅中，淋入米酒煮至再次沸腾，加入韭菜花拌匀，再加入调味料A调味，最后加入油葱酥煮匀即可。

177 干贝牛蛙粥

材料 * Ingredient
干贝35克、牛蛙肉300克、淀粉少许、水6杯、米饭3杯、姜丝少许

调味料 * Seasoning
盐少许、鸡粉少许、胡椒粉少许

做法 * Recipe
1. 干贝用冷水泡30分钟至软后，取出剥丝备用。
2. 牛蛙肉洗净切块，与淀粉拌匀后，以开水氽烫一下，捞起切片备用。
3. 取一深锅，加入水、米饭和干贝，以小火边煮边搅至煮开，再续煮30分钟后，先放姜丝，再放入牛蛙肉块续煮3分钟，最后加调味料拌匀即可。

178 味噌海鲜粥

材料 * Ingredient
虾150克、新鲜干贝150克、味噌35克、米饭3杯、水6杯、柴鱼片少许、芹菜少许、红葱酥少许、香菜少许、葱花少许

调味料 * Seasoning
盐少许、鸡粉少许、胡椒粉少许、糖少许

做法 * Recipe
1. 虾洗净挑去肠泥；新鲜干贝洗净切片，以少许淀粉腌渍；用少许冷水将味噌打散备用。
2. 取一深锅，加入水和米饭一起煮开后，加入打散的味噌继续煮15分钟，放入虾及干贝，再煮5分钟，加入所有调味料拌匀，起锅前放芹菜、红葱酥、香菜、葱花即可。

179 人参鸡粥

材料＊Ingredient
带骨鸡腿……… 400克
人参须………… 40克
淀粉……………… 少许
水………………12杯
大米………………1杯
枸杞子…………5克

调味料＊Seasoning
盐……………… 少许
鸡粉…………… 少许
胡椒粉………… 少许

做法＊Recipe
1.带骨鸡腿洗净，切块，再与淀粉拌匀，并以开水
　汆烫一下即捞起备用。
2.取一深锅，加入水煮开，再与大米、人参一起
　边煮边搅约40分钟，再加入鸡块、枸杞子继续
　煮20分钟后，加入所有调味料拌匀即可。

180 竹笋粥

材料＊Ingredient
大米……………150克
竹笋……………100克
猪肉泥………… 80克
香菇……………2朵
蒜泥………………5克
芹菜末………… 少许
高汤……… 1800毫升

调味料＊Seasoning
盐………………1小匙
鸡粉………… 1/4小匙
白胡椒粉……… 少许

做法＊Recipe
1.大米洗净，泡水1小时后沥干水分备用。
2.竹笋洗净去壳，放入开水中汆烫一下，捞出沥
　干后切丝；香菇洗净泡软，切除蒂头后切小丁；
　备用。
3.热锅，倒入少许色拉油烧热，放入蒜泥和香菇
　丁以小火爆香，再加入猪肉泥，改中火续炒至变
　色，接着依序加入高汤、大米和竹笋丝，以中火
　煮至滚沸，改小火拌煮约30分钟，再放入所有
　调味料调味，最后加入芹菜末即可。

181 八宝粥

材料 ＊ Ingredient

糙米50克、大米50克、圆糯米20克、红豆50克、薏米50克、花生仁50克、桂圆肉50克、花豆40克、雪莲子40克、莲子40克、绿豆40克、水1600毫升

调味料 ＊ Seasoning

冰糖50克、细砂糖80克、米酒20毫升

做法 ＊ Recipe

1. 将糙米、花豆、薏米、花生仁、雪莲子洗净，泡水至少5小时后沥干；红豆另外洗净，以可以淹过的水量浸泡至少5小时后沥干，浸泡的水留下，备用。
2. 大米、圆糯米、绿豆、莲子洗净沥干备用。
3. 将做法1的材料连同泡红豆的水和做法2的材料，一起放入电锅内锅，加水和米酒拌匀，外锅加入2杯水煮至开关跳起，续焖约10分钟。
4. 桂圆肉洗净沥干水分，放入粥中拌匀，外锅再加入1/2杯水煮至开关跳起，续焖约5分钟，最后加入冰糖和细砂糖拌匀即可。

182 桂圆燕麦粥

材料 ＊ Ingredient

燕麦··········100克
糯米··········20克
大米··········100克
桂圆肉·········40克
水·········2500毫升

调味料 ＊ Seasoning

冰糖··········120克
米酒··········少许

做法 ＊ Recipe

1. 燕麦洗净，泡水约3小时后沥干水分备用。
2. 糯米和大米一起洗净，沥干水分备用。
3. 将做法1、做法2的材料放入汤锅中，加入水开中火煮至滚沸，稍微搅拌后转小火并加盖熬煮约15分钟，最后加入桂圆肉及调味料煮至再次滚沸即可。

美味memo

加入少量的米酒可以增加桂圆的香气，因为分量很少，煮过以后酒精会挥发掉，所以不用担心吃起来会有酒味。

183 紫米粥

材料＊Ingredient
紫米…………100克
大米…………100克
圆糯米…………20克

调味料＊Seasoning
冰糖…………130克
牛奶…………适量

做法＊Recipe
1. 紫米洗净，放入大碗中，加入约300毫升水浸泡约6小时备用。
2. 大米和圆糯米一起洗净，并沥干水分备用。
3. 将紫米连浸泡的水一起放入锅中，再倒入做法2的材料和2400毫升水拌匀，以中火煮至滚开后，改小火熬煮约40分钟至熟软，加入冰糖调味。
4. 食用前可淋上少许牛奶，增添风味。

美味memo
紫米的口感比较硬，所以通常会搭配大米一起煮，吃起来口感比较适中，若再添加少量圆糯米，则可以使口感与香味都更为香浓润滑。

184 南瓜粥

材料＊Ingredient
米饭…………300克
南瓜…………200克
水…………700毫升
南瓜子…………适量
葵瓜子…………适量

调味料＊Seasoning
冰糖…………35克

做法＊Recipe
1. 南瓜洗净，去皮后切小片，放入果汁机中加入400毫升水搅打成南瓜汁备用。
2. 汤锅中倒入300毫升水以中火煮沸，放入南瓜汁再次煮开，加入米饭后改小火拌煮至稍微浓稠，最后加入冰糖调味，食用时撒上适量南瓜子和葵瓜子即可。

美味memo
打成泥的蔬果汁也能成为煮粥的高汤底，可以选择不同的蔬果搭配出不同口味与营养。不过需要注意的是要选择耐煮且不会变色的种类，否则煮出来的颜色就不好看，味道也容易带点苦涩味。根茎类和豆类，例如南瓜、土豆、胡萝卜、红薯、山药、青豆等都是不错的选择。

饭料理
西式篇

西式料理中虽然较少看到米饭料理，不过米在南欧一带也是很受欢迎的食材，像西班牙的海鲜炖饭就是众所皆知的美味料理。而在近年无国界料理风的影响下，米饭与西式食材、烹调方式结合，也相当美味。

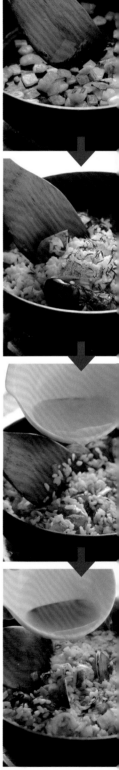

185 西班牙海鲜炖饭

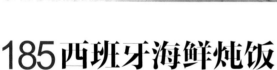

材料 * Ingredient

鲜虾·················4只
蛤蜊·················6个
鱿鱼··············· 40克
大米·············100克
番红花·············2克
洋葱丁 ·········· 20克
蒜泥················· 3克
市售海鲜高汤500毫升
橄榄油········20毫升
黑橄榄片·········10克

调味料 * Seasoning

盐 ············· 1/4小匙
米酒············50毫升

做法 * Recipe

1. 大米洗净,先泡水约15分钟后取出沥干。取平底锅,先倒入橄榄油,再加入洋葱丁和蒜泥炒香。
2. 然后放入洗净的鲜虾、蛤蜊、鱿鱼、米酒、番红花和大米炒香。
3. 续加入200毫升的海鲜高汤炖煮。
4. 至汤汁快收干时,加入200毫升的海鲜高汤,以小火炒至大米约五分熟。
5. 将整锅放入已预热150℃的烤箱中,烤10分钟。
6. 取出后加入剩余高汤、盐、黑橄榄片拌匀即可。

186 味噌三文鱼菠菜炖饭

材料 ✳ Ingredient
三文鱼块 ⋯⋯⋯ 200克
菠菜叶 ⋯⋯⋯ 30克
大米⋯⋯⋯⋯100克
洋葱块 ⋯⋯⋯⋯ 20克
市售海鲜高汤600毫升

调味料 ✳ Seasoning
红味噌 ⋯⋯⋯⋯1小匙
七味粉 ⋯⋯⋯⋯ 少许

做法 ✳ Recipe
1. 大米洗净，先泡水约15分钟后取出沥干。
2. 取平底锅，倒入少许色拉油烧热，加入洋葱块、三文鱼块炒香后，再放入大米炒香。
3. 续加入300毫升的海鲜高汤和红味噌，以小火炒至大米约五分熟。
4. 续加入剩余的海鲜高汤，并以小火炒至大米全熟，加入七味粉和菠菜叶拌匀即可。

美味memo
用红味噌煮出来的味道较香，但口感会有些偏咸，所以注意使用的分量不要太多。

187 柠檬海鲜炖饭

材料 ✳ Ingredient
蛤蜊⋯⋯⋯⋯⋯6个
三文鱼块 ⋯⋯⋯ 200克
大米⋯⋯⋯⋯⋯100克
洋葱丁 ⋯⋯⋯⋯ 20克
西芹丁 ⋯⋯⋯⋯ 20克
市售海鲜高汤600毫升
柠檬片 ⋯⋯⋯⋯5片
柠檬皮丝⋯⋯⋯ 少许

调味料 ✳ Seasoning
米酒⋯⋯⋯⋯50毫升
盐 ⋯⋯⋯⋯ 1/4小匙
柠檬胡椒香草1/2小匙
柠檬汁 ⋯⋯⋯ 5毫升

做法 ✳ Recipe
1. 大米洗净，先泡水约15分钟后取出沥干。
2. 取平底锅，倒入少许色拉油烧热，加入洋葱丁和西芹丁炒香后，再放入大米炒香。
3. 然后放入蛤蜊、三文鱼块和米酒炒熟后，将海鲜捞起备用。
4. 续加入300毫升的海鲜高汤，以小火炒至大米约五分熟。
5. 再加入剩余的海鲜高汤，并以小火炒至大米九分熟，加入捞起的海鲜、盐、柠檬胡椒香草、柠檬汁拌匀，最后放上柠檬片和柠檬皮丝即可。

188 茄汁鲭鱼炖饭

材料 ✳ Ingredient
鲭鱼块300克、洋葱丁
20克、大米100克、市
售海鲜高汤600毫升、
烫熟的甜豆荚片适量

调味料 ✳ Seasoning
红酱30克、盐1/4小匙

做法 ✳ Recipe
1. 大米洗净，先泡水约15分钟后取出沥干。
2. 取平底锅，倒入少许色拉油烧热，加入洋葱丁炒香，放入鲭鱼块煎至金黄上色，再放入大米炒香。
3. 然后加入300毫升的海鲜高汤，以小火炒至大米约五分熟。
4. 续加入剩余的海鲜高汤，并以小火炒至大米全熟，加入盐拌匀，再撒上烫熟的甜豆荚片即可。

美味memo
　　新鲜鲭鱼因有季节性也许会买不到，这时可直接用茄汁鲭鱼罐头替代材料中的红酱和鲭鱼块，入锅一起烹煮即可。

189 咖喱鸡肉炖饭

材料 ✳ Ingredient
去骨鸡腿肉块 300克
大米……………100克
洋葱丁 …………20克
红甜椒片………10克
市售鸡高汤 600毫升
水煮蛋（切片）…6片
水菜……………适量

调味料 ✳ Seasoning
鸡粉…………1/4小匙

腌料 ✳ Pickle
咖喱粉 …………1小匙
米酒……………适量
盐 ………………适量

做法 ✳ Recipe
1. 大米洗净，先泡水约15分钟后取出沥干。
2. 去骨鸡腿肉块洗净，加入咖喱粉、米酒和盐拌匀，腌约20分钟备用。
3. 取平底锅，倒入少许色拉油烧热，加入洋葱丁和红甜椒片炒香后，放入腌过的鸡腿肉煎至金黄色，再放入大米炒香，续加入300毫升的鸡高汤，以小火炒至大米约五分熟。
4. 续加入剩余的300毫升鸡高汤，并以小火炒至大米全熟。
5. 加入鸡粉拌匀盛盘，放上水煮蛋片和水菜即可。

190 培根炖饭

材料＊Ingredient
培根片 ········· 150克
秀珍菇 ········· 30克
洋葱丁 ········· 20克
胡萝卜丁 ······· 20克
大米 ··········· 100克
鸡高汤 ····· 600毫升
葱花 ··········· 少许

调味料＊Seasoning
盐 ·········· 1/4小匙

做法＊Recipe
1. 大米洗净，先泡水约15分钟后取出沥干。
2. 取平底锅，倒入少许色拉油烧热，加入洋葱丁、培根片、胡萝卜丁和秀珍菇炒香后，再放入大米炒香。
3. 续加入300毫升鸡高汤，以小火炒至大米约五分熟。
4. 续加入剩余的鸡高汤，并以小火炒至大米全熟，加入盐拌匀盛盘，再撒上少许葱花即可。

191 红薯鸡肉炖饭

材料＊Ingredient
去骨鸡腿肉块 300克
大米 ··········· 100克
洋葱片 ········· 20克
西芹丁 ········· 20克
红薯块 ········· 80克
市售鸡高汤 600毫升
香芹末 ······· 1/4小匙

调味料＊Seasoning
盐 ·········· 1/4小匙

做法＊Recipe
1. 大米洗净，先泡水约15分钟后取出沥干。
2. 取平底锅，倒入少许色拉油烧热，加入洋葱片、西芹丁和鸡腿肉块炒香后，再放入大米炒香。
3. 续加入300毫升的鸡高汤和红薯块，以小火炖煮。
4. 再分数次将剩余的鸡高汤加入，并以小火炖煮至大米全熟、红薯块软化，再加入盐炒匀盛盘，并撒上香芹末即可。

192 香芋排骨炖饭

材料 ✳ Ingredient
小排骨块200克、大
米100克、芋头块80
克、洋葱片20克、芦
笋片10克、市售高汤
600毫升、蒜苗片适量

调味料 ✳ Seasoning
盐1/4小匙

做法 ✳ Recipe
1. 大米洗净，先泡水约15分钟后取出沥干。
2. 取平底锅，倒入少许色拉油烧热，加入洋葱片和小排骨块炒香后，再放入大米炒香。
3. 续加入300毫升的高汤和芋头块，以小火炖煮。
4. 再分数次将剩余的高汤加入，并以小火炖煮至大米全熟、芋头块软化，最后加入盐、芦笋片炒匀盛盘，并撒上蒜苗片即可。

美味memo
建议选购排骨时，可购买带软骨的肉块，吃的时候不仅有口感，而且烹煮时也较容易熟。

193 土豆蛤蜊炖饭

材料 ✳ Ingredient
土豆丁50克、玉米笋
30克、蛤蜊80克、
大米100克、红甜椒
末少许、黄甜椒末少
许、洋葱丁10克、
市售海鲜高汤500毫
升、黑橄榄片少许

调味料 ✳ Seasoning
盐1/4小匙

做法 ✳ Recipe
1. 大米洗净，先泡水约15分钟后取出沥干；玉米笋洗净切丁。
2. 取平底锅，倒入少许色拉油烧热，加入洋葱丁炒香后，再放入大米炒香。
3. 续放入土豆丁、玉米笋丁、蛤蜊和250毫升的海鲜高汤，以小火炖煮。
4. 续将炒熟的蛤蜊捞起备用。
5. 再分次加入剩余的海鲜高汤，并以小火炒至大米九分熟、土豆软化，最后加入蛤蜊和盐拌匀，放上红甜椒末、黄甜椒末、黑橄榄片即可。

194 美式海鲜炖饭

材料 ✱ Ingredient

长米	70克
蒜泥	3克
洋葱	5克
红甜椒	10克
青椒	10克
胡萝卜	10克
草虾	2只
虾仁	30克
蛤蜊	5个
青豆仁	5克
圣女果	30克

调味料 ✱ Seasoning

橄榄油	25毫升
百里香叶	3克
鸡高汤	200毫升
盐	适量
白胡椒粉	适量

做法 ✱ Recipe

1. 洋葱洗净切丁；红甜椒洗净切丁；青椒洗净切丁；胡萝卜洗净切丁；圣女果洗净切块，备用。
2. 取一平底锅，烧热后加入橄榄油，放入蒜泥炒香，再放入做法1的其他材料与草虾、虾仁、蛤蜊一起炒香。
3. 放入长米、百里香叶、鸡高汤拌匀，再加入盐与白胡椒粉，以中火拌炒至汤汁略微收干，即可放入预热好的烤箱中，以180℃烤约14分钟后取出，加入青豆仁再烤约1分钟即可。

195 乡村海鲜炖饭

材料 ✱ Ingredient

长米	70克
虾仁	50克
红甜椒	10克
黄甜椒	10克
鲜鱼肉	20克
西红柿	20克
蒜泥	10克
青柠	1棵

调味料 ✱ Seasoning

橄榄油	25毫升
鸡高汤	200毫升
红辣椒粉	5克
盐	适量
白胡椒粉	适量

做法 ✱ Recipe

1. 红甜椒洗净切丁；黄甜椒洗净切丁；鲜鱼肉洗净切丁；西红柿洗净切丁；青柠洗净切片，备用。
2. 取一平底锅，烧热后加入橄榄油，放入蒜泥炒香，再放入做法1的所有材料与虾仁一起炒香。
3. 放入长米、红辣椒粉、鸡高汤拌匀，再加入盐与白胡椒粉调味，以中火拌炒至汤汁略微收干，即可放入预热好的烤箱中，以180℃烤约15分钟即可。

196 甜椒时蔬红花炖饭

材料 ✳ Ingredient

长米	70克
西红柿	20克
红甜椒	10克
青椒	10克
黄甜椒	10克
洋葱	5克
蒜泥	3克
豆角	15克

调味料 ✳ Seasoning

橄榄油	25毫升
蔬菜高汤	200毫升
番红花粉	3克
盐	适量
白胡椒粉	适量

做法 ✳ Recipe

1. 西红柿洗净切丁；红甜椒洗净切丁；青椒洗净切丁；黄甜椒洗净切丁；洋葱洗净切丁，备用。
2. 取一平底锅，烧热后加入橄榄油，放入蒜泥炒香，再放入做法 1 的其他材料与豆角一起炒香。
3. 放入长米、番红花粉、蔬菜高汤拌匀，再加入盐与白胡椒粉调味，以中火拌炒约20分钟即可。

197 瓦伦西亚红花炖饭

材料 ✳ Ingredient

长米	70克
鸡腿肉	80克
蒜泥	3克
红甜椒	20克
西红柿	20克
青豆仁	10克

调味料 ✳ Seasoning

橄榄油	25毫升
鸡高汤	200毫升
番红花粉	3克
盐	适量
白胡椒粉	适量

做法 ✳ Recipe

1. 鸡腿肉洗净切丁；红甜椒洗净切丁；西红柿洗净切丁，备用。
2. 取一平底锅，烧热后加入橄榄油，放入蒜泥炒香，再放入做法 1 的其他材料一起炒香。
3. 锅中放入长米、番红花粉、鸡高汤拌匀，再加入盐与白胡椒粉调味，以中火拌炒至汤汁略微收干，即可放入预热好的烤箱中，以180℃烤约14分钟后取出，最后加入青豆仁再烤约1分钟即可。

198 西西里海鲜焗饭

材料 ＊ Ingredient

什锦海鲜⋯⋯⋯150克
洋葱丁 ⋯⋯⋯⋯10克
西红柿丁⋯⋯⋯ 20克
黑橄榄片⋯⋯⋯⋯2克
米饭⋯⋯⋯⋯⋯120克
奶酪丝 ⋯⋯⋯ 50克
罗勒丝 ⋯⋯ 1/4小匙

调味料 ＊ Seasoning

盐 ⋯⋯⋯⋯⋯ 1/4小匙

做法 ＊ Recipe

1. 取锅，放入什锦海鲜汆烫至熟捞起备用。
2. 取锅，加入少许色拉油烧热，放入洋葱丁、西红柿丁和黑橄榄片炒香后，再加入海鲜、盐和米饭以小火炒匀。
3. 盛入焗烤盅内，撒上奶酪丝和罗勒丝。
4. 放入已预热的烤箱中，以上火200℃、下火150℃，烤约6分钟至表面呈金黄色即可。

199 鲷鱼焗饭

材料 * Ingredient

明太子 ………… 30克
鲷鱼片 ………100克
豆角 …………… 20克
洋葱丁 ………… 20克
米饭 …………120克
奶酪丝 ………… 30克

调味料 * Seasoning

蛋黄酱 ………… 20克
盐 …………… 1/4小匙

做法 * Recipe

1. 鲷鱼片洗净切大丁；豆角洗净切小段，备用。
2. 取锅，加入少许色拉油烧热，放入洋葱丁炒香后，加入豆角段和鲷鱼片拌炒约2分钟，再加入米饭和盐，炒匀后即可关火备用。
3. 于焗烤盅内盛入做法2的饭，撒上奶酪丝。
4. 放入已预热的烤箱中，以上火200℃、下火150℃，烤约8分钟，至表面呈金黄色取出，挤上蛋黄酱和撒上明太子即可。

200 海鲜焗饭

材料 * Ingredient

什锦海鲜 …… 200克
米饭 …………120克
米酒 ………… 50毫升
红甜椒丁 ………10克
青豆仁（烫熟）30克
奶酪丝 ………100克
蒜片 …………… 少许
洋葱丁 ………… 30克
罗勒叶 ………… 10克

调味料 * Seasoning

红酱 ………… 3大匙
（做法参考P210）

做法 * Recipe

1. 将什锦海鲜洗净，放入开水中余烫至熟后，捞起沥干备用。
2. 取平底锅，加入少许奶油（材料外），放入蒜片、洋葱丁、什锦海鲜料、米酒炒香，加入红酱、米饭和罗勒叶拌匀，放入焗烤盅内，撒上奶酪丝。
3. 放入预热烤箱中，以上火200℃、下火100℃烤约10分钟，烤至表面呈金黄色泽。
4. 撒上红甜椒丁和青豆仁装饰即可。

201 三文鱼焗饭

材料 ✳ Ingredient
三文鱼块········ 80克
洋葱丁 ··········10克
米饭··········120克
奶酪丝 ········ 50克
奶油··········5克

调味料 ✳ Seasoning
盐 ··········· 1/4小匙
动物性鲜奶油·100克

做法 ✳ Recipe
1. 取锅，加入奶油，放入洋葱丁炒香后，再加入盐和米饭以小火炒匀。
2. 盛入焗烤盅内，放入三文鱼块，撒上奶酪丝。
3. 放入已预热的烤箱中，以上火200℃、下火150℃，烤约6分钟至表面呈金黄色即可。

美味memo
先将洋葱丁放入锅中炒香后，再放入其他材料一起拌炒，但为保持三文鱼块的完整性，宜直接放入焗烤盅内而不要一起入锅拌炒。

202 蛤蜊墨鱼焗饭

材料 ✳ Ingredient
小章鱼 ·········· 80克
蛤蜊················8个
洋葱丁 ··········10克
西芹丁 ········ 20克
米饭··········120克
奶酪丝 ·········· 30克

调味料 ✳ Seasoning
市售墨鱼酱 ······10克
市售海鲜高汤100毫升
盐 ··········· 1/4小匙

做法 ✳ Recipe
1. 取一汤锅，放适量的水，煮沸后放入全部洗净的海鲜材料，烫熟后捞起备用。
2. 取锅，加入少许油烧热，放入洋葱丁、西芹丁炒香后，再加入海鲜、米饭和全部调味料，以小火炒匀。
3. 盛入焗烤盅内，撒上奶酪丝。
4. 放入已预热的烤箱中，以上火200℃、下火150℃，烤约8分钟至表面呈金黄色即可。

203 奶油鸡肉焗饭

材料 ✴ Ingredient
鸡肉丁 ………… 50克
洋葱丁 ………… 10克
米饭 ………… 120克
奶酪丝 ………… 30克
香菇块 ………… 20克
甜豆荚 ………… 10克
小胡萝卜 ………… 5克

调味料 ✴ Seasoning
白酱 ………… 3大匙
（做法参考P210）

做法 ✴ Recipe
1. 甜豆荚和小胡萝卜洗净沥干，放入开水中汆烫至熟后，捞起沥干备用。
2. 取平底锅，加入少许奶油（材料外），放入鸡肉丁、洋葱丁、香菇块炒香，加入白酱、米饭和做法1的材料拌匀，放入焗烤盅内，撒上奶酪丝。
3. 放入已预热的烤箱中，以上火250℃、下火150℃烤约10分钟，烤至表面呈金黄色泽即可。

204 什锦菇焗饭

材料 ✴ Ingredient
什锦菇 ………… 100克
洋葱碎 ………… 20克
米饭 ………… 120克
奶酪丝 ………… 30克
西蓝花 ………… 30克
红甜椒丁 ………… 20克
黄甜椒丁 ………… 20克

调味料 ✴ Seasoning
白酱 ………… 2大匙
（做法参考P210）

做法 ✴ Recipe
1. 什锦菇洗净沥干备用。
2. 取平底锅，加入少许奶油（材料外），放入洋葱碎、什锦菇炒香，加入白酱和米饭拌匀，撒上奶酪丝。
3. 放入已预热的烤箱中，以上火250℃、下火150℃烤约2分钟，烤至表面呈金黄色泽。
4. 西蓝花洗净分切小朵状，烫熟沥干后，和黄甜椒丁、红甜椒丁，一同放入做法3的奶油什锦菇焗饭上装饰即可。

205 青酱鲜虾焗饭

材料 ＊ Ingredient
白虾…………150克
米饭…………120克
奶酪丝…………50克

调味料 ＊ Seasoning
青酱…………2大匙
（做法参考P210）

做法 ＊ Recipe
1. 取锅，放入洗净的白虾氽烫至熟，捞起备用。
2. 将白虾、青酱和米饭入锅，以小火拌匀。
3. 盛入焗烤盅内，撒上奶酪丝。
4. 放入已预热的烤箱中，以上火180℃、下火150℃，烤约8分钟至表面呈金黄色即可。

206 青酱海鲜焗饭

材料 ＊ Ingredient
什锦海鲜………150克
米饭…………120克
红甜椒末………1小匙
黄甜椒末………1小匙
奶酪丝…………30克

调味料 ＊ Seasoning
青酱…………2大匙
（做法参考P210）

做法 ＊ Recipe
1. 将什锦海鲜洗净后，放入开水中氽烫至熟后，捞起沥干备用。
2. 将做法1的材料、米饭和青酱拌匀，放入焗烤盅内，撒上奶酪丝。
3. 放入已预热的烤箱中，以上火250℃、下火150℃，烤约2分钟至表面呈金黄色泽。
4. 再撒上红甜椒末和黄甜椒末装饰即可。

美味memo
在成品中加入一些烤过的坚果，更可提升青酱鲜虾焗饭入口的香气与口感。

207 甜椒腊肠焗饭

材料 * Ingredient
腊肠片50克、肝肠片30克、黄甜椒丁20克、红甜椒丁20克、米饭120克、奶酪丝50克、洋葱丁20克、黑橄榄片10克

做法 * Recipe
1. 取锅，加入少许色拉油烧热，放入腊肠片和肝肠片炒香后，再加入红甜椒丁、黄甜椒丁、洋葱丁、黑橄榄片和米饭，以小火炒匀。
2. 盛入焗烤盅内，撒上奶酪丝。
3. 放入已预热的烤箱中，以上火200℃、下火150℃，烤约6分钟至表面呈金黄色即可。

208 洋葱猪肉焗饭

材料 * Ingredient
猪肉片	50克
洋葱片	20克
米饭	120克
奶酪丝	30克

调味料 * Seasoning
番茄酱	2大匙
盐	1/8小匙

做法 * Recipe
1. 热锅，加色拉油烧热，炒香洋葱片、猪肉片，再加入所有调味料与米饭拌匀，最后撒上奶酪丝。
2. 盛盘后放入烤箱中，以上火250℃、下火150℃，烤约2分钟至表面呈金黄色即可。

209 辣味鱿鱼焗饭

材料 * Ingredient
鱿鱼150克、西红柿块30克、洋葱碎20克、红辣椒片2克、蒜泥2克、奶酪丝50克、米饭120克

调味料 * Seasoning
红酱2大匙（做法参考P210）

做法 * Recipe
1. 取锅，加入少许色拉油烧热，放入红辣椒片、蒜泥、洋葱碎、鱿鱼和西红柿块炒香后，再加入红酱和米饭以小火炒匀。
2. 盛入焗烤盅内，撒上奶酪丝。
3. 放入已预热的烤箱中，以上火200℃、下火150℃，烤约6分钟至表面呈金黄色即可。

210 咖喱鸡腿焗饭

材料 * Ingredient
鸡腿肉块········150克
洋葱块··········30克
米饭············120克
奶酪丝··········30克
红甜椒末·········少许
香芹末···········少许

调味料 * Seasoning
咖喱粉··········2大匙
盐············1/8小匙

做法 * Recipe
1. 热锅，加色拉油烧热，炒香洋葱块、鸡腿肉块，再加入咖喱粉、盐、米饭拌匀，撒上奶酪丝。
2. 放入烤箱中，以上火250℃、下火150℃，烤约2分钟至表面呈金黄色即可。
3. 最后撒上少许红甜椒末、香芹末装饰。

211 咖喱牛肉焗饭

材料 * Ingredient
牛肉片··········80克
洋葱块··········30克
米饭············120克
奶酪丝··········30克
秋葵片·········10克、
水············200毫升

调味料 * Seasoning
咖喱粉··········1大块
盐············1/8小匙

做法 * Recipe
1. 取锅，加入少许色拉油烧热，放入洋葱块炒香后，加入咖喱粉、牛肉片和水炒匀后，再放入米饭、秋葵片和盐，以小火炒匀。
2. 盛入焗烤盅内，撒上奶酪丝。
3. 放入已预热的烤箱中，以上火200℃、下火150℃，烤约8分钟至表面呈金黄色即可。

212红酒牛肉饭

材料 * Ingredient
牛腩……………150克
米饭……………250克
胡萝卜……………1/3个
土豆………………1个
西芹………………2根
蒜头………………2粒
水……………100毫升

调味料 * Seasoning
红酒…………300毫升
糖…………………1大匙
盐………………少许
黑胡椒粉………少许

做法 * Recipe
1.牛腩洗净再切成小块状备用。
2.胡萝卜、土豆去皮洗净，切成滚刀状；西芹洗净切大块；蒜头用菜刀拍扁备用。
3.取1个炒锅，先加入1大匙色拉油，加入牛腩以中火煎至上色，再加入所有调味料及水烩煮一下。
4.续加入做法2的所有材料煮至汤汁略收。
5.米饭装入碗中，再将做法4的材料放在饭上即可。

213 匈牙利牛肉饭

材料 ＊Ingredient

牛肉…………150克
红甜椒………… 35克
洋葱………… 35克
葱…………1根
米饭………… 225克
水………… 120毫升

调味料 ＊Seasoning

A 淀粉…………1小匙
　水…………2小匙
B 奶油…………1小匙
C 匈牙利红椒粉1小匙
　盐………… 1/4小匙
　鸡粉……… 1/4小匙

做法 ＊Recipe

1. 牛肉洗净并切块，以中火快炒过油后随即捞起沥干；红甜椒、洋葱洗净并切块；葱洗净切段；调味料A调制成水淀粉备用。
2. 将奶油放入锅中加热，加入洋葱爆香后，再加入做法1的其他材料及调味料C和水一起煮至牛肉变软时，将水淀粉慢慢倒入锅中勾芡，稍微拌炒入味，盛起淋在米饭上即可。

美味memo

地道的匈牙利牛肉饭还有添加酸奶，但较不合我国人们的口味，故在此不添加酸奶这项材料。

214 奶酪汉堡肉饭

材料 ＊Ingredient

牛肉泥……… 250克
奶酪片…………1片
洋葱………… 1/3个
蒜头…………2粒
荸荠…………2个
巴西里…………1小匙
胡萝卜………… 30克

调味料 ＊Seasoning

百里香…………1小匙
黑胡椒粉………1小匙
盐…………1小匙
蛋清…………1个
淀粉…………1小匙

做法 ＊Recipe

1. 洋葱、胡萝卜、蒜头、荸荠、巴西里洗净切碎备用。
2. 牛肉泥放入容器中，加入做法1的所有材料及所有的调味料一起搅拌均匀，用力甩出筋，再捏成圆饼形备用。
3. 将做法2捏好的汉堡肉，放入不粘锅中以小火煎至两面上色且熟透。
4. 将汉堡肉盛盘，再加奶酪片放在煎好的汉堡肉上面慢慢融化，搭配米饭即可。

215 鳀鱼蛋炒饭

材料＊Ingredient
罐头鳀鱼·········10克
洋葱碎···········20克
葱花·············适量
红辣椒片·········适量
米饭·············250克
鸡蛋·············2个

调味料＊Seasoning
色拉油·········20毫升
白胡椒粉···········适量

做法＊Recipe
1. 罐头鳀鱼切碎备用；鸡蛋打成蛋液备用。
2. 热锅，加入色拉油（分量外），轻轻摇动锅使表面都覆盖上薄薄一层色拉油后，倒除多余色拉油，接着重新倒入20毫升的色拉油。
3. 开大火，待油温烧至约80℃时，加入洋葱碎炒香，再加入鳀鱼碎炒香，接着倒入蛋液炒至略干有香味。
4. 加入米饭拌炒，炒至米饭松散后，再加入白胡椒粉拌匀，起锅前撒入葱花、红辣椒片略拌即可。

216 鸡肉炒饭

材料＊Ingredient
去骨鸡腿肉块··80克
洋葱丁··········20克
蒜泥············10克
西红柿块········50克
青豆仁··········10克
长米············200克
鸡高汤········400毫升
热开水········2大匙

调味料＊Seasoning
糖·············1小匙
鸡粉·········1/2小匙
酱油膏·········200克
色拉油·········20毫升

做法＊Recipe
1. 起平底锅，加入20毫升色拉油烧热，放入去骨鸡腿肉块，以大火煎炒至肉色呈金黄，取出备用。
2. 转中火，放入蒜泥、洋葱丁和长米拌炒均匀，至金黄油亮，续加入西红柿块、100毫升鸡高汤与所有调味料和热开水拌匀煮滚，再加入去骨鸡腿肉块煮至滚沸收汁。
3. 取1张锡箔纸，覆盖在平底锅表面，转小火焖煮约20分钟（中途需翻开锡箔纸，每5分钟搅拌1次；并倒入100毫升市售鸡高汤拌匀，共3次），至饭熟透略收汁，最后加入青豆仁焖约2分钟至熟即可。

饭料理

日韩东南亚篇

不管是日式料理中的寿司、饭卷、饭团、盖饭、蛋包饭，还是韩国料理的韩式拌饭，或是东南亚料理中的海南鸡饭，都让爱吃米饭的人食指大动，想学地道口味的料理者，千万不能错过本篇收录的配方。

217 照烧鸡腿盖饭

材料＊Ingredient
去骨鸡腿肉（切块）
················1个
秋葵（去蒂）·····3个
米饭·············1碗

调味料＊Seasoning
酱油············36毫升
味醂············25毫升
米酒············20毫升
糖················10克

做法＊Recipe
1. 米饭盛入大碗中，备用。
2. 将所有调味料混合均匀为照烧酱汁，备用。
3. 热锅，倒入适量色拉油，放入秋葵略煎后取出，原锅放入鸡肉块煎至均匀上色，再加入照烧酱汁煮至酱汁浓稠、鸡肉块入味后熄火。
4. 将做法3的照烧鸡肉块与秋葵覆盖在米饭上，再淋入适量酱汁即可。

218 蒲烧鳗鱼盖饭

材料＊Ingredient
市售蒲烧鳗鱼1/2条、小黄瓜1个、白芝麻少许、市售蒲烧酱汁适量、山椒粉适量、米饭200克

蛋松材料＊Seasoning
鸡蛋1个、牛奶15毫升、盐少许、胡椒粉少许

做法＊Recipe
1. 蒲烧鳗鱼放入微波炉中，微波至鳗鱼柔软（约2分钟）后，切成2厘米块状备用。
2. 小黄瓜洗净，切成0.1厘米圆片，撒上少许盐，使其软化后沥干备用。
3. 蛋松材料拌匀成蛋液后，再将平底锅以大火烧热，倒入前述蛋液并用多根筷子持续搅拌至蛋液呈凝结状时转小火，继续拌至呈固体颗粒状时熄火，即为蛋松。
4. 将米饭盛入碗中，蛋松、小黄瓜及白芝麻平均拌匀铺上，再摆上蒲烧鳗鱼，并淋上蒲烧酱汁，再撒上山椒粉即可。

219 三文鱼盖饭

材料 * Ingredient
三文鱼肉片60克、酱渍三文鱼籽60克、青紫苏1片、米饭适量、色拉油1/2大匙

酱汁 * Sauce
A 酱油25毫升、味醂15毫升、糖10克、米酒10毫升
B 姜泥5克

做法 * Recipe
1. 将酱汁A混合煮匀，再放入酱汁B后熄火；取适量煮好的酱汁与三文鱼肉片腌渍10分钟。
2. 锅烧热，倒入1/2大匙色拉油，三文鱼肉片沥干放入锅内以中火煎至双面上色，并用餐巾纸吸收油分后，倒入酱汁煮至略有黏稠度。
3. 米饭盛入碗中，淋上做法2剩余的浓稠酱汁后，将三文鱼肉片与三文鱼籽置于米饭上，并将青紫苏洗净切粗丝，放于饭上即可。

220 亲子盖饭

材料 * Ingredient
鸡腿肉1/2个、洋葱1/2个、鸭儿芹1根、鸡蛋2个、海苔丝适量、米饭适量、水100毫升

调味料 * Seasoning
盐少许

酱汁 * Sauce
A 酱油30毫升、味醂25毫升、米酒15毫升
B 柴鱼素2克

做法 * Recipe
1. 将鸡腿肉洗净，撒上少许盐，放置10分钟后，切成适当小块状，再放入开水中氽烫1分钟，立即泡入冷水中，待冷却后捞起沥干备用。
2. 将洋葱洗净，切成丝状；鸭儿芹洗净，切成2厘米长段；鸡蛋拌打均匀，备用。
3. 酱汁材料A混匀煮开后，加入材料B即可熄火。
4. 取7寸平底锅，铺入洋葱丝后再加入做法3的酱汁一起煮开，再放入鸡肉块煮熟；再把鸭儿芹段散放于其上，并取蛋液的2/3分量淋入并覆盖于材料上，待蛋液呈半凝固状后再将剩余蛋液倒入，待呈现半熟状态时熄火。
5. 米饭盛入碗中，将做法4的材料覆盖于米饭上，撒上海苔丝即可。

221 牛肉寿喜盖饭

材料 * Ingredient
A 大白菜30克、金针菇10克、杏鲍菇10克、胡萝卜5克、洋葱5克、葱5克
B 牛肉片120克、熟白芝麻少许、米饭1碗

调味料 * Seasoning
柴鱼酱油1大匙、味醂1大匙、米酒1大匙、水2大匙

做法 * Recipe
1. 米饭盛入大碗中，备用。
2. 将所有调味料混合均匀为寿喜酱汁，备用。
3. 金针菇洗净去蒂头；其余材料A洗净切丝，备用。
4. 取锅，依序铺上做法3的材料，再铺放上牛肉片，淋上寿喜酱汁，开中小火、加盖焖煮约5分钟，至肉片熟后熄火，撒上熟白芝麻，盛起后取适量摆放至米饭上即可。

美味memo
食用时如果咸度不够，可将煮熟的寿喜汤汁淋入盖饭中增加风味。

222 金枪鱼盖饭

材料 * Ingredient
金枪鱼（生鱼片用）150克、葱10克、白芝麻适量、海苔丝适量、米饭适量

调味料 * Seasoning
酱油18毫升、味醂18毫升、山葵酱5克、柴鱼素1克、热开水20毫升

做法 * Recipe
1. 金枪鱼洗净，切成粗丁状备用。
2. 葱洗净切成葱花，用纱布包起来，放于水龙头下，用流水冲洗并充分沥干。
3. 热开水中加入柴鱼素调匀。
4. 白芝麻磨成粉后，加入酱油、味醂、做法3的材料及山葵酱拌匀，再加入金枪鱼块拌匀腌渍10分钟。
5. 米饭盛入碗中，平均撒上白芝麻、葱花，再放上金枪鱼块，并淋入做法4剩余的酱汁，最后撒上葱花及海苔丝即可。

223 泡菜烧肉盖饭

材料 ＊ Ingredient
辣味泡菜·········100克
猪肉片 ·········150克
米饭·················1碗

调味料 ＊ Seasoning
泡菜汁 ··········2大匙
盐 ·················少许
糖 ················1小匙
米酒·············1大匙
水淀粉 ··········1小匙
香油·············1小匙

做法 ＊ Recipe
1.米饭盛入大碗中，备用。
2.辣味泡菜切段，备用。
3.热锅，加入适量色拉油，放入泡菜段及猪肉片炒香，再加入泡菜汁、盐、糖、米酒拌煮均匀。
4.加入水淀粉勾芡，再滴入香油拌匀后熄火盛起，取适量淋在米饭上即可。

224 猪肉丸盖饭

材料 ＊ Ingredient
猪肉泥120克、虾仁丁60克、蛋清1个、蒜泥10克、葱花20克、米饭200克、水适量

调味料 ＊ Seasoning
鱼露20毫升、香油5毫升、番茄酱50克、鸡高汤50毫升、糖5克、盐适量、白胡椒粉适量、玉米粉40克

做法 ＊ Recipe
1.将猪肉泥、虾仁丁放入大碗中，加入蛋清、蒜泥、葱花、5毫升鱼露、香油、盐、白胡椒粉和20克的玉米粉，用力搅拌至有黏性后，做成3粒猪肉丸(每粒60克)备用。
2.取一蒸锅，倒入适量的水烧开，再将猪肉丸放入蒸锅中，以大火蒸约10分钟至熟，备用。
3.另热锅，将番茄酱、鸡高汤调匀后倒入锅中，加入15毫升鱼露和糖烧开，再以玉米粉和水调匀勾芡即可。
4.米饭盛入碗中，摆上猪肉丸，再淋上做法3的酱汁即可。

225 黄金茄酱蛋包饭

材料 * Ingredient
鸡蛋2个、鲜奶15毫升、色拉油15毫升、奶油少许、茄酱炒饭250克、平底锅（直径28厘米）1个

调味料 * Seasoning
盐少许、胡椒粉少许、西红柿淋酱适量

做法 * Recipe
1. 将鸡蛋、鲜奶、盐及胡椒粉打成均匀的蛋液备用。
2. 取平底锅烧热，加入色拉油烧热后倒掉，再拭去多余油分，并快速涂上1层薄薄的奶油。
3. 将蛋液一次性倒入锅中，并迅速移动锅身，让蛋液均匀扩散至整个锅面呈蛋饼状。
4. 待锅中的蛋液不继续流动，蛋皮边缘脱离锅身，即可将适量的茄酱炒饭置于蛋皮边缘的1/3处。
5. 将蛋皮从两端覆盖在茄酱炒饭上。
6. 将蛋包饭移盛至盘中，浇上西红柿淋酱即可。

茄酱炒饭
材　料： 蒜5克、洋葱30克、培根15克、奶油20克、米饭1碗、米酒15毫升、番茄酱36克、盐少许、胡椒粉少许

做法：
1. 将蒜、洋葱、培根切成碎末备用。
2. 平底锅烧热，加入奶油溶化后，放入蒜泥爆香，再加入洋葱碎及培根末拌匀后，加入米饭拌炒均匀，淋入米酒及番茄酱拌匀，最后加入盐和胡椒粉即可。

西红柿淋酱
材　料： 西红柿2个、蒜5克、洋葱20克、橄榄油30毫升、俄力冈少许、番茄酱30克、盐少许、胡椒粉少许

做法：
1. 西红柿洗净去蒂头，表面划上十字，放入沸水中氽烫至外皮脱离后捞出，放入冷水中剥除外皮，切成粗丁状；蒜及洋葱洗净切成碎末，备用。
2. 热锅，倒入橄榄油，加入蒜泥及洋葱碎爆香，加入西红柿丁及俄力冈、番茄酱炒匀，加入盐和胡椒粉即可。

226 滑嫩咖喱蛋包饭

滑蛋材料 * Ingredient
A 鸡蛋2个、牛奶1大匙、盐少许、胡椒粉少许
B 奶油15克

其他材料 * Ingredient
茄酱炒饭250克（做法参考P120）、市售咖喱
酱适量

做法 * Recipe
1. 茄酱炒饭盛入碗中压紧，再倒扣入盘中，备用。
2. 所有滑蛋材料A混合打匀成蛋液，备用。
3. 加热平底锅，转中小火并倒入少许色拉油与15克奶油溶化后，迅速倒入蛋液，再用筷子（或叉子）从蛋的外围往内侧快速搅动，至半熟状态后即熄火。
4. 趁软嫩将滑蛋覆盖在做法1的茄酱炒饭上，再淋上适量咖喱酱即可。

227 招牌咖喱蛋包饭

材料 * Ingredient
鸡蛋1个、色拉油少许、茄酱炒饭250克（做法参考P120）、西蓝花（烫熟）适量、小西红柿适量

调味料 * Seasoning
盐少许、胡椒粉少许、市售咖喱酱少许

做法 * Recipe
1. 将鸡蛋、盐、胡椒粉，一起打匀成蛋液备用。
2. 平底锅烧热，涂上薄薄一层色拉油。（此时可滴一点蛋液测试温度，正确温度是蛋液滴入呈水滴状，若是蛋液滴下去立刻收缩，就表示锅太热，需稍微降温再倒入蛋液。）
3. 将蛋液倒入锅中，并迅速移转锅身，让蛋液均匀扩散至整个锅面呈薄片状，待锅中的蛋液不继续流动，蛋饼边缘脱离锅身，即可将茄酱炒饭置于蛋饼中。
4. 将蛋皮覆盖于炒饭上，再将蛋包饭移盛至盘中，并趁热取1张餐巾纸用双手将蛋包饭修整成椭圆形，整形完成后搭配西蓝花、小西红柿装饰，最后淋上咖喱酱即可。

228 海苔寿司卷

材料＊Ingredient

A 海苔片1片、寿司饭适量
B 胡萝卜1个、市售蒲烧鳗鱼1/2条、入味
干瓢适量、厚蛋烧1/8个、小黄瓜1/2根

做法＊Recipe

1. 小黄瓜用盐（材料外）搓揉后，洗除盐渍，切适量长条状备用。
2. 取寿司竹帘，铺上海苔片，再铺上适量寿司饭（前端预留2厘米），再依序摆上材料B的食材，卷起呈圆柱状寿司卷，食用时切段即可。

寿司饭

做法：

1. 取适量米放置盆内，水倒入时用手快速轻轻搅拌米粒，冲洗后的洗米水立刻倒掉，并重复2次。
2. 倒入少许水，用左手顺着同方向慢慢转动盆子，右手轻轻抓搓米粒，重复搓洗至水清。
3. 将米放到网上沥干，静置30分钟至1小时。放入电锅中，水量与米量的比例为1：1，即可开始炊煮。
4. 煮好的饭先不要开锅，焖10~15分钟，使米粒口感更佳。趁热盛到大盆中(因为热的饭在拌醋时才能入味)。
5. 调制寿司醋(米醋150毫升、糖90克、盐30克混合)，按1杯米配30毫升寿司醋的比例倒入饭中。将饭勺采平行角度切入饭中翻搅，让饭充分吸收醋味。待醋充分渗入后，将米饭用扇子扇凉至人体温度即可。

229 芦笋培根卷

材料＊Ingredient

细芦笋 ……………3根
培根……………2片
淀粉………… 适量
海苔片 ……… 3/4片
寿司饭 ………… 适量
（做法参考P122）
白芝麻 ………… 适量

做法＊Recipe

1. 将芦笋洗净，放入开水中汆烫稍软，捞起后泡入冷水中冷却备用。
2. 培根上面沾上少许淀粉后，将芦笋卷裹用牙签固定，并放入平底锅煎至酥脆状上色后盛起备用。
3. 海苔片铺上寿司饭，并撒上少许白芝麻（前端需预留1厘米），摆入做法2的材料后卷起，适当切段后摆盘即可。

230 小黄瓜卷

材料＊Ingredient

小黄瓜 …………1/2根
海苔片 …………1/2片
寿司饭 ………… 适量
（做法参考P122）
山葵酱 ………… 适量
白芝麻 ………… 适量

做法＊Recipe

1. 小黄瓜用盐（材料外）搓揉一下后洗净，纵向切成一半，再切成细条状备用。
2. 海苔片上铺上寿司饭（前端需预留1厘米），涂上少许山葵酱后撒上白芝麻，再摆入小黄瓜条后卷起，最后适当切段即可。

231 台风寿司卷

材料 ＊ Ingredient
A 鸡蛋1个、小黄瓜1/2根、酥油条碎30克、海苔片1片

B 寿司饭适量（做法参考P122）、蛋黄酱适量、肉松20克、豆签丝（红）15克

做法 ＊ Recipe
1. 将蛋液打匀并煎成蛋皮后，切丝备用。
2. 小黄瓜用盐（材料外）搓揉一下后洗净，纵向切成一半，再切成细条状备用。
3. 海苔片上铺上寿司饭（前端需预留2厘米），再铺满酥油条碎及做法1、做法2的材料，再挤入蛋黄酱，加上肉松及豆签丝后卷起即可。

232 沙拉寿司卷

材料 ＊ Ingredient
红甜椒丝15克、黄甜椒丝15克、长豇豆2条、沙拉笋30克、海苔片1片、保鲜膜1张、寿司饭适量（做法参考P122）、生菜1片

皮的材料 ＊ Ingredient
水蜜桃（罐装）1/2个、越南米皮1片

酱料 ＊ Sauce
白味噌5克、白芝麻10克、味酥5毫升、蛋黄酱20克、柠檬汁5毫升

做法 ＊ Recipe
1. 红甜椒、黄甜椒洗净，切长条丝状；长豇豆洗净余烫；沙拉笋洗净切丝备用。
2. 水蜜桃洗净切薄片备用。
3. 酱料全部拌匀备用。
4. 海苔上排列铺上水蜜桃，再铺上喷水后的越南米皮，覆盖上1层保鲜膜后，将海苔片翻面朝上，再铺满寿司饭，放入做法1的各种材料和生菜后，涂上适量做法3的酱料后卷起即可。

233 亲子虾寿司

材料＊Ingredient
A 海苔片1片、寿司饭适量（做法参考P122）、虾卵适量
B 鲜虾3只、芦笋1根、虾卵适量、蛋黄酱适量

做法＊Recipe
1.鲜虾去肠泥，用竹签串直，放入开水中略煮一下，熄火放置约10分钟后，捞起泡冷水，剥壳，取出竹签，备用。
2.芦笋洗净加入少许盐（材料外）烫至稍软、取出泡冷水。
3.取寿司竹帘，铺上海苔片，再铺上适量寿司饭，将虾卵平均撒在饭上，再覆盖1层保鲜膜。
4.将做法3的材料翻面，使保鲜膜朝下、海苔片朝上（寿司竹帘在最底部），再依序摆上鲜虾、芦笋、材料B的虾卵、蛋黄酱，卷起呈圆柱状寿司卷，食用时切段，并撕除保鲜膜即可。

234 鳄梨寿司

材料＊Ingredient
A 寿司饭适量（做法参考P122）、海苔片1片、红色鱼卵适量
B 蛋黄酱适量、鳄梨60克、蟹肉条3条

做法＊Recipe
1.取寿司竹帘，铺上海苔片，再铺满寿司饭，将红色鱼卵平均撒在饭上，再覆盖1层保鲜膜。
2.将做法1的材料翻面，使保鲜膜朝下、海苔片朝上（寿司竹帘在最底部），再摆上鳄梨，挤上蛋黄酱，放上蟹肉条，卷起呈圆柱状寿司卷，食用时切断，并撕除保鲜膜即可。

235 蛋皮寿司

材料＊Ingredient
A 蛋皮2片、海苔片1片、寿司饭适量（做法参考P122）、蛋黄酱适量
B 肉松30克、入味豆皮4片、腌渍黄萝卜20克、蟹肉条2小条、豆角8条

做法＊Recipe
　　取寿司竹帘放上蛋皮，平均挤入少许美乃滋（材料外），再铺上海苔片、适量寿司饭，挤入蛋黄酱，再依序摆上材料B的食材，卷起呈圆柱状寿司卷，食用时切段即可。

236 紫苏三文鱼饭团

材料 * Ingredient
新鲜三文鱼200克、新鲜绿
色紫苏叶2片、熟白芝麻适
量、米饭适量、海苔适量

调味料 * Seasoning
盐适量

做法 * Recipe
1. 烤架铺上1张锡箔纸，于表面抹上薄薄1层油，备用。
2. 三文鱼洗净、擦干水分，均匀撒上适量的盐，放在锡箔
   纸上，移入已预热的烤箱中，用180℃烤10~15分钟至
   熟后取出，去刺、剥散，备用。
3. 新鲜紫苏洗净切碎，备用。
4. 将米饭与熟白芝麻及做法2、做法3的材料拌匀，再取适量
   捏紧成饭团，可依个人喜好分别包成数颗或裹上海苔。

237 盐烤三文鱼饭团

材料 * Ingredient
新鲜三文鱼120克、小黄瓜1
根、米饭适量、海苔4片

调味料 * Seasoning
盐适量

做法 * Recipe
1. 烤架铺上1张锡箔纸，于表面抹上薄薄1层油，备用。
2. 三文鱼洗净、擦干水分，均匀撒上适量的盐，放在锡箔
   纸上，移入已预热的烤箱中，用180℃烤10~15分钟至
   熟后取出，去刺、剥碎，备用。
3. 小黄瓜先用适量盐（分量外）搓揉，再冲水洗去盐分，
   切小丁，备用。
4. 将米饭与做法2、做法3的材料一起拌匀，再取适量捏紧成
   饭团，可依个人喜好分别包成数颗或再裹上海苔即可。

238 酱烧烤饭团

材料 * Ingredient
米饭…………… 300克
香松…………… 10克

调味料 * Seasoning
A 盐……………1/8小匙
　白胡椒粉 ……1/8小匙
B 市售照烧酱… 2大匙

做法 * Recipe
1. 将米饭、香松、所有调味料A一起拌匀，再均分成6等
   份，整形成圆形但略压扁，备用。
2. 将做法1的饭团放入已预热的烤箱中，以上火250℃、下
   火250℃烤约5分钟后，取出涂上照烧酱，再翻面放回
   烤箱中，续烤约5分钟后取出，再次涂上照烧酱，第3次
   入烤箱续烤约2分钟，烤至表面略焦香即可。

239 泡菜烧肉饭卷

材料 ✻ Ingredient

A 韩式泡菜100克、薄五花肉片100克、蒜泥10克、葱花适量、白芝麻（炒过）适量
B 什锦蔬菜适量、米饭适量、海苔4片

调味料 ✻ Seasoning

酱油1.5大匙、味醂1大匙

做法 ✻ Recipe

1. 将什锦蔬菜泡冰水，使其清脆爽口后、沥干，备用。
2. 调味料混合；韩式泡菜、薄五花肉片适当切段，备用。
3. 热锅，加入适当色拉油，炒香蒜泥，放入薄肉片炒至肉色变白，再加入泡菜段均匀拌炒，倒入混匀的调味料充分拌炒入味，起锅前撒上葱花、白芝麻略拌匀，此即为泡菜烧肉。
4. 取1大张海苔片，依序平均铺上米饭、什锦蔬菜、泡菜烧肉馅，卷起整成长圆柱状，并包紧底端即可。

240 韩式辣味饭卷

材料 ✻ Ingredient

A 五花肉片200克、黄豆芽150克、蒜片10克、粗辣椒粉3克
B 米饭适量、海苔4片

调味料 ✻ Seasoning

酱油2大匙、糖1大匙、韩式辣椒酱1/2小匙

做法 ✻ Recipe

1. 黄豆芽洗净后放入开水中煮熟、捞起沥干；五花肉片洗净适当切段，备用。
2. 热锅，倒入适量食用油，转小火，放入蒜片炒香，再加入粗辣椒粉，炒出风味后，放入肉片段炒至变白，再倒入混合均匀的调味料，充分拌炒入味，此即为辣味烧肉。
3. 取1大张海苔片，依序平均铺上米饭、黄豆芽、辣味烧肉，再铺上少许黄豆芽，卷起整成长圆柱状，并包紧底端即可。

241 韩式石锅拌饭

材料 ＊ Ingredient
煎蛋·················1个
米饭··············适量

调味料 ＊ Seasoning
市售韩式辣酱··1大匙
胡香油············适量

配菜材料 ＊ Ingredient
黄豆芽拌菜····· 45克
芝麻拌海带··· 35克
胡萝卜拌菜····· 40克
辣酱小黄瓜····· 40克
柳松菇拌菜····· 40克

做法 ＊ Recipe
1. 取一石锅碗放在炉台上，以中火烧热约10分钟，待石锅碗变热后转中小火，再用筷子夹取餐巾纸蘸取适量胡香油，于石锅碗内涂抹均匀备用。
2. 将米饭盛入石锅碗内后，依序放入黄豆芽拌菜、芝麻拌海带、胡萝卜拌菜、辣酱小黄瓜、柳松菇拌菜。然后放入市售韩式辣酱于所有小菜的中间。
3. 最后在做法2的材料中间处，放上1个半生熟的煎蛋即可。

242 霜降烤猪肉饭

材料 ＊ Ingredient
松板猪肉200克、米饭1碗、炒熟白芝麻适量、蒜泥1小匙、炒圆白菜适量

腌料 ＊ Pickle
黑胡椒粉少许、韩式烤肉酱1大匙、米酒1小匙、酸酱1小匙、糖2小匙、胡香油1大匙

做法 ＊ Recipe
1. 将松板猪肉切成约0.3厘米的薄片后，放入一容器中，加入所有腌料后搅拌均匀，并腌渍30分钟备用。
2. 将铁盘用中火烧热约5分钟后，淋上少许色拉油，再放上肉片，烤至熟后撒上炒过的白芝麻。
3. 在铁盘边放上炒圆白菜当配菜即可。

243 牛五花烤肉饭

材料 * Ingredient
牛五花肉200克、洋
葱1/2个、小白菜150
克、白芝麻少许、米
饭1碗

腌料 * Pickle
韩式烤肉酱1.5大匙、
米酒2大匙、韩国辣椒
粉1小匙

做法 * Recipe
1. 洋葱洗净切丝；小白菜洗净切段；牛五花肉
   加入自制韩式烤肉酱、米酒、韩国辣椒粉一
   起混拌均匀，并腌渍15分钟备用。
2. 将铁盘用中火烧热约5分钟后，淋上少许色拉
   油，放入小白菜拌炒2分钟后移至铁盘边，再
   放入洋葱丝拌炒至软，继续放入牛五花肉一
   起拌炒至熟，最后撒上白芝麻即可。

244 羊肉烤肉饭

材料 * Ingredient
羊肉片 ………… 200克
炸南瓜片 ……… 70克
米饭 ……………… 1碗
韩式泡菜 ……… 70克
白芝麻 ………… 少许

腌料 * Pickle
韩国烤肉酱 ……1大匙
鱼露拌酱 ………1小匙
米酒 ……………1大匙
糖 ……………… 少许
胡香油 …………1大匙

做法 * Recipe
1. 羊肉片加入所有腌料，一起拌匀并腌渍30分
   钟备用。
2. 将铁盘以中火加热5分钟后，淋上少许色拉
   油，放入羊肉片拌炒至熟，再于铁盘边放入炸
   南瓜片及韩式泡菜，撒上白芝麻即可。

245 泰式虾仁炒饭

材料 * Ingredient
虾仁80克、米饭（泰国米）1碗（约250克）、蛋液2个、青豆仁20克、葱花10克、蒜泥5克、洋葱碎10克

调味料 * Seasoning
A 鱼露20毫升、蚝油10毫升、糖5克
B 柠檬汁5毫升、色拉油20毫升

做法 * Recipe
1. 虾仁去肠泥，洗净沥干备用。
2. 热锅，加入色拉油（分量外），轻轻摇动锅使表面都覆盖上薄薄一层色拉油后，倒除多余色拉油，接着重新倒入20毫升的色拉油。
3. 待油温烧至约80℃时，放入蒜泥、洋葱碎炒香，再加入虾仁炒熟，接着加入蛋液快炒至略熟，续放入米饭翻炒拌匀。
4. 待米饭炒散后，加入青豆仁、葱花快炒均匀，最后加入调味料A拌匀调味，起锅前滴入柠檬汁提味即可。

246 泰式虾酱饭

材料 * Ingredient
泰国香米100克、虾仁80克、蒜头3粒、红葱头2粒、红辣椒2个、鸡蛋2个、豆角20克

调味料 * Seasoning
A 虾酱20克、虾酱粉10克、盐少许
B 柠檬汁10毫升、鱼露15毫升
C 盐少许

做法 * Recipe
1. 将泰国香米洗净蒸熟；虾仁洗净，挑去肠泥；蒜头、红葱头、红辣椒分别切碎备用。
2. 热油锅，爆香蒜泥、红葱头碎，加入一个鸡蛋打散，以中火炒熟，拌入蒸好的饭，再加入虾酱和盐拌匀，起锅前撒入虾酱粉，盛盘。
3. 虾仁放入热油锅中用大火快炒，加入红辣椒碎和调味料B炒至熟。
4. 热油锅，将另一个鸡蛋打散，煎成蛋皮，切丝备用；豆角入开水中氽烫，捞起沥干水分后，加盐调味。
5. 将做法4的所有材料排入饭上，最后铺上虾仁即可。

247 梨子酱饭

材料 ＊ Ingredient
越光米100克、青椒
15克、苹果1/2个、
柠檬1/2个

调味料 ＊ Seasoning
糖适量

酱料 ＊ Sauce
梨1/2个、柠檬1/2个、韩国辣椒酱适量、果糖15毫升

做法 ＊ Recipe
1. 将越光米洗净蒸熟；青椒洗净切丝；柠檬洗净压
   成汁，备用。
2. 梨去皮去籽，切小块，放入果汁机打成泥，再加
   入其余酱料拌匀，即为梨子酱。
3. 苹果洗净去皮去籽，切厚片，保留一小部分苹
   果片，将其余的苹果片表面沾裹一层糖，取一平
   底锅加入少许色拉油加热，放入沾裹细糖的苹果
   片，用大火煎至两面呈咖啡色。
4. 将饭盛碗，于其上铺入青椒丝、所有的苹果片，
   最后淋上梨子酱即可。可另取红甜椒丝作装饰。

248 印尼炒饭

材料 ＊ Ingredient
洋葱30克、红辣椒1
个、虾仁30克、肉丝
40克、米饭200克、青
豆仁15克、鸡蛋1个

调味料 ＊ Seasoning
盐1/6小匙、鸡粉1/4小
匙、甜酱油1大匙、色
拉油25毫升

做法 ＊ Recipe
1. 洋葱、红辣椒洗净切成碎末状备用。
2. 虾仁洗净，放入开水中汆烫至外观变红后，捞起
   泡入冷水中备用。
3. 取锅，加入色拉油以中火烧热后，加入做法1的
   材料和肉丝快速翻炒，直到肉丝炒至变色，再放
   入米饭、青豆仁和虾仁、调味料拌炒，并持续以
   中火炒至米饭干松、有香味溢出即可装盘。
4. 另取锅加色拉油烧热后，打蛋入锅，煎成荷包蛋
   后，摆放于饭上即可。

250碗

面 天天吃不腻

面食是我国除了米饭外最常吃的主食，历史悠久、种类繁多，料理起来也轻松简便。面食不仅形式上千变万化，内容上更是丰富实惠，只要一碗就能让人吃得满足。不管是热气腾腾的汤面、淋上酱料的拌面，还是料多味美的炒面、劲道爽滑的拉面、意式风味的意大利面等，都是令人回味无穷的美食。只要学完本章，就能天天换着花样吃各种好吃的面啦。

煮面基础高汤 这样做最美叫

← 牛高汤

材料：
牛骨·········2000克
洋葱··············2个
水··········5000毫升

做法：
1. 先将牛骨与少许水(分量外)一起用小火煮开，倒掉血水，再用清水彻底冲洗干净。
2. 另用深锅加入水5000毫升煮开，放入牛骨及去皮的整个洋葱，用大火煮滚后转小火，慢熬至汤汁浓白，熄火后用细网过滤即可。

(备注)

　　熬煮高汤的过程中可不用加盖，这样煮出来的汤汁较清澈，并可随时捞除浮沫。若用快锅可节省时间，煮出的汤汁则较浓浊，但不论用哪种方法，熄火后都必须用细网过滤。

猪骨高汤 →

材料：
猪大骨·······1000克
葱···············4根
姜··············3片
水·········5000毫升

做法：
1. 猪大骨洗净剁开，加水(分量外)淹过骨头，用小火煮开，倒掉血水，再用清水彻底冲洗干净。
2. 深锅中放入全部材料，煮滚后转小火续煮4~5小时，待汤汁呈现浓白色时即可熄火过滤。

肉骨高汤 ↑

材料：
猪大骨········2000克
猪瘦肉········1000克
水········10000毫升
姜···············150克
桂圆肉··········20克
胡椒粒···········10克

做法：
1. 将猪大骨及猪瘦肉氽烫去血水后，洗净备用。
2. 将水倒入汤锅内煮开，放入所有材料，以大火煮至再度滚沸，转小火保持微滚。
3. 捞除浮在表面的泡沫和油渣，以小火熬煮约4小时即可。

← 鸡高汤

材料：
鸡骨架 …………… 6副
火腿 …………… 100克
洋葱 …………… 2个
水 …………… 5000毫升

做法：
1. 将鸡骨架放入开水中氽烫一下，沥干、洗净。
2. 洋葱洗净去皮，与其他材料一起放入深锅中，用大火煮滚(随时捞除浮沫以保持汤汁纯净)，转小火慢慢熬煮至骨架分离、汤色香浓，即可熄火过滤。

鱼高汤 →

材料：
鱼骨头(虱目鱼)1200克
蛤蜊 …………… 600克
姜片 …………… 5片
水 …………… 5000毫升

做法：
1. 将鱼骨头放入开水中氽烫，捞出洗净。
2. 蛤蜊完全吐沙后，连同鱼骨头放入深锅中，加姜片与水5000毫升一起煮滚，捞去浮沫，转小火续煮至鱼骨头软烂，熄火后用细网或纱布仔细过滤即可。

海带柴鱼高汤↑

材料：
海带(干海带) 10厘米
柴鱼片 …………… 50克
水 …………… 2000毫升

做法：
1. 海带用布擦拭后，加水在锅中静置隔夜(或静置至少30分钟以上)。
2. 将锅移到炉上煮至快沸腾时，马上取出海带，以免产生黏液使汤汁混浊，再放入柴鱼片续煮至出味(约30秒)，捞除浮沫后熄火。
3. 待锅中柴鱼片完全沉淀后，用细网或纱布过滤汤汁即完成。

← 素高汤

材料：
洋葱2个、胡萝卜1个、香菇(干)5朵、圆白菜1/2个、西芹1/2根、青苹果1个、水3000毫升

做法：
1. 洋葱洗净去皮；胡萝卜洗净切大块；香菇洗净泡软备用。
2. 将所有材料一起放入深锅中用大火煮滚，转小火，盖上铝箔纸(上面要戳洞)慢慢熬煮至所有材料软烂、香味溢出，即可熄火过滤。

什锦高汤

什锦高汤是混合所需的各式高汤，依据个人口感喜好调制而成；也可以将所需的各式高汤材料直接混合熬煮(易烂的蔬果类可于最后才放入)。

煮面条六大关键

煮出好吃面条 六大关键

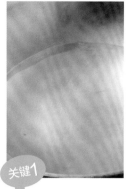

关键1 取锅，加水煮至滚沸（面条：水量=1∶10）。

关键2 加入少许盐于水中，可帮助面条释放淀粉，会让面条更有弹性和Q度。

关键3 加少许油拌匀，可防止面条过烂，还可让面条更光亮、有弹性。

面条要好吃就一定要有Q度、有嚼劲，除了面条是一大重点外，另外在煮面条时建议以不锈钢器具为主，最好不要使用铁锅或铝锅，因为这两种锅具可能会影面条的Q度和颜色。

关键4 将面条分散放入锅中，用筷子搅拌至水滚沸。

关键5 捞起面条后略沥干，再泡入冷水中约3分钟。

关键6 捞起沥干水后，加入少许油拌匀，防止面条粘住。

煮面条方式大不同

以意大利面为例，待锅内的水煮至滚沸后再放入面条，等锅中的水再度煮至滚沸后加入1/2碗的冷水，续煮约1分钟后捞起冲冷水即可。如果面条煮太久会容易糊掉，且无嚼劲。以宽拉面为例，同样等锅内的水煮至滚沸后再放入面条，而且每次水煮滚后需加入1/2碗的冷水，反复上述动作2~3次，再捞起面条冲冷水。如此一来不管煮何种面条，皆可享受Q滑带劲的绝佳口感。

剩余的生面条要如何保存

新鲜的面条买回来后，当然是现煮现吃最新鲜，如果一次购买大量而吃不完时，如何新鲜保存就很重要了。一般生面条可按照一人份的量，分批装入干净的塑料袋密封，然后放入冰箱冷藏室中，最久可保存1个月。等下次要吃时再取出，无须解冻就可以直接放入沸水中烹煮。熟面条，如油面、乌冬面，则可分批装入干净的塑料袋密封，然后放入冰箱冷藏室中，最多可冷藏3~5天。

干燥的面条，只要储存在密封的容器中，并放置于阴凉干燥的地方，且不要放超过购买时包装上的保存期限，皆可食用。

若是此次已煮好的面条，吃不完却还想留着隔餐食用，可先将烫好的面条水分沥干，拌入少许香油，装入可完全密封的保鲜袋中，再放入冰箱冷藏，食用前取出再以滚沸的水略汆烫即可。

面料理
中式篇

从街头巷尾的小吃摊到五星级饭店中，都有汤面、羹面、牛肉面、干拌面、炒面、凉面、面线……面食俨然也成为人们不可或缺的美食了。本篇除了面之外，面摊会有的米粉、河粉、粉条这类料理也一并收录。

249 榨菜肉丝面

材料＊Ingredient
细阳春面········100克
葱花·············适量
榨菜丝········250克
猪瘦肉丝·······150克
蒜泥·············1大匙
红辣椒············1个

调味料＊Seasoning
A 盐··········1/4小匙
　糖············1小匙
　鸡粉·······1/2小匙
　米酒············1大匙
　香油··········适量
　猪骨高汤 100毫升
B 盐··········1/4小匙
　鸡粉·······1/2小匙
　猪骨高汤1000毫升

做法＊Recipe
1. 热锅，倒入2大匙色拉油，放入切成片状的红辣椒、蒜泥、榨菜丝爆香。
2. 再放入猪瘦肉丝及调味料A炒至汤汁收干。
3. 加入调味料B煮至沸腾，即为榨菜肉丝汤头。
4. 细阳春面放入沸水中汆烫约1分钟，捞起沥干放入碗中。
5. 加入适量榨菜肉丝汤头，最后撒上葱花即可。

250 雪菜肉丝面

材料＊Ingredient
细拉面150克、雪菜50克、猪瘦肉丝80克、清高汤400毫升、蒜泥3克

调味料＊Seasoning
蚝油1小匙、酱油1/4小匙、糖1/2小匙、胡椒粉1/4小匙、盐1/4小匙、水淀粉1小匙

腌料＊Pickle
盐1/4小匙、淀粉1小匙

做法＊Recipe
1. 雪菜洗净沥干水分，切碎；猪瘦肉丝加入所有腌料拌匀，备用。
2. 热锅，倒入1大匙色拉油，加入蒜泥、瘦肉丝炒至变白，再加入雪菜碎炒约1分钟。
3. 加入米酒、清高汤100毫升及蚝油、酱油、糖、胡椒粉煮匀，以水淀粉勾芡，盛起备用。
4. 300毫升清高汤煮滚后加入盐调味，盛入碗中备用。
5. 将面条放入开水中煮约2分钟，捞起沥干水分后倒入做法4的汤头，再加入做法3的炒料即可。

251 阳春面

材料 * Ingredient

阳春面150克、小白菜35克、葱花适量、油葱酥适量、高汤350毫升

调味料 * Seasoning

盐1/4小匙、鸡粉少许

做法 * Recipe

1. 小白菜洗净、切段，备用。
2. 阳春面放入开水中搅散后，等水滚再煮约1分钟，放入小白菜段汆烫一下，马上捞出、沥干水分并放入碗中。
3. 把高汤煮滚，加入所有调味料拌匀，即可把高汤加入做法2的面碗中，放入葱花、油葱酥即可。

252 切仔面

材料 * Ingredient

油面200克、韭菜20克、绿豆芽20克、熟瘦肉150克、高汤300毫升、油葱酥少许

调味料 * Seasoning

盐1/4小匙、鸡粉少许、胡椒粉少许

做法 * Recipe

1. 韭菜洗净、切段；豆芽去根部洗净，把韭菜段、绿豆芽放入开水中汆烫至熟捞出；熟瘦肉切片，备用。
2. 把油面放入开水中汆烫一下，沥干水分后放入碗中，加入韭菜段、绿豆芽与瘦肉片。
3. 把高汤煮滚后，加入所有调味料拌匀，即可把高汤加入做法2的面碗中，再加入油葱酥即可。

253 担仔面

材料 * Ingredient

油面150克、鲜虾1只、卤蛋1个、肉臊30克、高汤适量、韭菜适量、绿豆芽适量、蒜泥5克、葱花5克、红葱酥5克

调味料 * Seasoning

蒸鱼酱油15毫升

做法 * Recipe

1. 油面与绿豆芽、韭菜放入沸水中汆烫至熟，捞出放入碗内。
2. 鲜虾洗净去肠泥、壳（尾保留），放入沸水中烫熟，捞出备用。
3. 碗中加入肉臊、高汤、蒜泥、葱花、红葱酥、蒸鱼酱油拌匀，再放上鲜虾与卤蛋即可。

254 汕头鱼面

材料 ＊ Ingredient
汕头鱼面条200克、叉烧肉片2块、绿豆芽30克、海苔1片、高汤350毫升

调味料 ＊ Seasoning
盐1/2小匙、胡椒粉1/4小匙、香油1/4小匙

做法 ＊ Recipe
1. 高汤煮滚后加入所有调味料拌煮均匀，盛入碗中备用。
2. 面条放入开水中煮约15分钟，放入绿豆芽汆烫，捞起沥干水分，放入做法1的碗中。
3. 加入叉烧肉片、海苔片即可。

255 鲜肉馄饨面

材料 ＊ Ingredient
面条80克、包好的馄饨8颗、高汤200毫升、上海青4棵

调味料 ＊ Seasoning
盐1/2小匙

做法 ＊ Recipe
1. 取一汤锅，煮水至滚沸后，放入面条即转小火煮约2分钟，捞起盛碗备用。
2. 上海青洗净，放入做法1的锅中加以汆烫后捞起，放于面条上备用。
3. 放入馄饨于做法2的汤锅中，转小火将其煮约2分钟至熟后捞起，放于面条上。
4. 将高汤加盐煮滚后熄火，倒入碗中即可。

256 虾汤面

材料 ＊ Ingredient
鲜虾3只、虾壳100克、上海青3棵、鱼板1片、细拉面100克、高汤400毫升

调味料 ＊ Seasoning
盐1/2小匙、白胡椒粉1/2小匙

做法 ＊ Recipe
1. 鲜虾洗净剥壳，保留虾仁、虾头和虾壳；上海青洗净。
2. 热锅，加入1小匙的橄榄油（材料外）烧热，加入虾头与虾壳以小火炒至酥香，加入高汤煮约15分钟，再加入白胡椒粉调匀，滤除虾壳即为虾高汤备用。
3. 备一锅滚沸的水，将细拉面煮熟捞起，放入面碗中备用。
4. 虾高汤煮至滚沸，加入上海青、虾仁、鱼板及盐，煮至虾仁熟透，倒入面碗内即可。

257 菜肉馄饨面

材料 ∗ Ingredient
阳春面1把、猪肉泥150克、琼脂100克、上海青适量、姜末5克、葱花5克、大馄饨皮20张、清高汤350毫升

调味料 ∗ Seasoning
A 盐1小匙、鸡粉1/2小匙、糖1/4小匙、胡椒粉1/2小匙、香油1小匙、淀粉1小匙
B 盐1/2小匙、鸡粉1/4小匙

做法 ∗ Recipe
1. 将上海青洗净后放入开水中汆烫1分钟后捞起；琼脂冲冷水，并挤掉水分切碎，备用。
2. 猪肉泥加入调味料A的盐摔打至粘手，加入姜末、葱花及其他调味料A拌匀后，再加入琼脂碎拌匀成馄饨馅，备用。
3. 将馄饨馅用馄饨皮包起，备用。
4. 将面条放入开水中煮约25分钟后捞出放入碗中。
5. 将馄饨放入开水中以小火煮约4分钟，捞出放入面中，再加入上海青。
6. 将清高汤加入所有调味料B一起煮滚后，倒入做法5的碗中即可。

258 广式馄饨面

材料 ∗ Ingredient
面150克、青菜适量、鲜虾馄饨4个、鲜味汤头500毫升、韭黄2根

调味料 ∗ Seasoning
A 盐1/2小匙、味精1/2小匙、胡椒粉少许
B 色拉油少许

做法 ∗ Recipe
1. 将面及青菜烫熟放入碗内备用。
2. 将馄饨用开水煮约3分钟后捞起放在面上。
3. 鲜味汤头加入调味料A调味，倒入做法2的碗里，再将韭黄洗净切成小段撒上，最后滴上少许色拉油即可。

鲜味汤头

材 料： 猪骨600克、猪瘦肉500克、虾米50克、比目鱼50克、胡椒粒20克、水2000毫升

做 法：
1. 猪骨瘦肉洗净汆烫备用。
2. 比目鱼洗净后用烤箱以200℃烤15分钟，待凉后碾碎。
3. 将做法1、做法2的材料与其余材料一起放入汤锅中，以小火熬煮约3小时后过滤即可。

259 猪脚煨面

材料 * Ingredient
猪脚1/2个、老姜片20克、葱1根、当归1片、粗拉面150克、葱花适量、水800毫升

调味料 * Seasoning
米酒1大匙、盐1小匙、胡椒粉1/4小匙

做法 * Recipe
1. 葱洗净沥干水分，切长段备用。
2. 猪脚洗净，切适当块状，放入开水中以小火氽烫约3分钟后，捞出洗净备用。
3. 取一锅，放入少许的色拉油烧热后，爆香老姜片与葱段至金黄色，再放入猪脚块，以小火炒约3分钟。
4. 取一砂锅，倒入做法3的材料，再加入米酒、当归、800毫升的水，以中火煮滚后捞除浮末，盖上锅盖，转极微火煨煮约3小时后加入盐，续煮约15分钟。
5. 取一锅水，水开后放入粗拉面氽烫1分钟，捞出。
6. 于做法4的砂锅内放入粗拉面，煮约4分钟后，挑出老姜片、葱段、当归，盛碗时撒上葱花与胡椒粉即可。

260 黄鱼煨面

材料 * Ingredient
黄鱼1条（约600克）、青竹笋片40克、猪骨高汤600毫升（做法参考P134）、细面条150克、小白菜50克

调味料 * Seasoning
盐1/2小匙、胡椒粉1/4小匙

腌料 * Pickle
盐1/2小匙、胡椒粉1/4小匙、蛋清1小匙、淀粉1小匙

做法 * Recipe
1. 黄鱼洗净、去骨去皮切小块；小白菜洗净、沥干水分，备用。
2. 取一大碗，将鱼块放入碗中，并加入所有腌料一起拌匀，腌约10分钟，备用。
3. 取一锅，将猪骨高汤放入锅内，待汤煮滚后放入鱼块及竹笋片，再放入所有调味料，转小火煮约1分钟。
4. 放入细拉面于开水中氽烫约1分钟后，捞出沥干备用。
5. 于做法3的锅中，放入氽烫好的细拉面，以小火煮约4分钟后，再放入小白菜煮滚即可。

261 黄鱼面

材料 * Ingredient

黄鱼·················1条
咸菜·················1片
竹笋···············1/4根
细面··············1人份
什锦高汤····300毫升
（做法参考P135）
胡椒盐 ···········少许
色拉油 ···········少许

做法 * Recipe

1. 将黄鱼洗净，切下两面的肉片切成长条，撒上胡椒盐及色拉油备用。
2. 起油锅，用温油将鱼条拌开后捞起，锅中只留1小匙油。
3. 竹笋洗净切片，咸菜切末，一起放入锅中略炒，并加入什锦高汤煮滚。
4. 另烧一锅水将面烫熟，放入做法3的汤中，再加入黄鱼条，转小火煨煮约5分钟，直到面入味即可。

262 卤肉面

材料 * Ingredient

带皮五花肉1000克、细阳春面150克、小白菜50克、葱花5克、姜片50克、葱3根、八角5粒、桂皮1根、水300毫升、高汤300毫升

调味料 * Seasoning

A 米酒100毫升、酱油120毫升、糖50克
B 盐1/4小匙

做法 * Recipe

1. 五花肉洗净并沥干水分，放入开水中以小火煮约30分钟即捞出放凉，切厚约2.5厘米之长方形片，备用。
2. 将水、调味料A、八角、桂皮、姜、葱及五花肉片，以小火煮约1小时即成卤肉。
3. 高汤煮滚，加入调味料B与卤肉汁50毫升，煮匀即盛入碗中，备用。
4. 面放入开水中煮约3分钟，捞起沥干水分，将小白菜续入锅中略煮，捞起并与面条一起放入做法3碗中，再放上适量卤肉及葱花即可。

263 西红柿滑蛋面

材料 ＊ Ingredient
拉面150克、茄汁汤头500毫升、肉片80克、西红柿1/4个、鸡蛋1个

调味料 ＊ Seasoning
A 盐1/2小匙
B 盐1/4小匙、糖1/4小匙、淀粉1小匙、茄汁汤头50毫升

做法 ＊ Recipe
1. 将面烫熟放入碗内，鸡蛋打散成蛋液备用。
2. 将450毫升的茄汁汤头加入调味料A调味后倒入面碗中。
3. 另取50毫升茄汁汤头放入炒锅中，加入肉片、西红柿及调味料B勾芡，再将蛋液徐徐倒入，约3秒后搅匀，淋在面上即可。

茄汁汤头
材料：猪骨1000克、水2500毫升、西红柿400克、洋葱半个

做法：
1. 将猪骨洗净烫过放入汤锅中，倒入2500毫升的水。
2. 将西红柿洗净切块，洋葱洗净切丝，放入做法1的锅中，以小火熬煮约4小时即可。

264 酸菜辣汤面

材料 ＊ Ingredient
酸菜丝(末)⋯⋯ 300克
红辣椒丝⋯⋯⋯⋯10克
葱丝⋯⋯⋯⋯⋯⋯5克
高汤⋯⋯⋯⋯300毫升
油面⋯⋯⋯⋯⋯ 110克
盐⋯⋯⋯⋯⋯⋯312克

调味料 ＊ Seasoning
甜酱油露⋯⋯20毫升
辣油⋯⋯⋯⋯⋯5毫升
糖⋯⋯⋯⋯⋯⋯5克

做法 ＊ Recipe
1. 热一锅倒入适量的色拉油，放入酸菜丝、红辣椒丝炒香，加入所有调味料炒匀备用。
2. 油面放入沸水中煮软，捞出沥干，放入碗内加入适量高汤。
3. 于面上排入适量做法1的材料与葱丝即可。

265 药炖排骨面

材料 * Ingredient
药补汤头500毫升、
面150克

调味料 * Seasoning
盐1/2小匙

做法 * Recipe
1. 药补汤头加盐调味后，煮至滚沸即可熄火备用。
2. 面烫熟捞起，放入碗中，将药补汤头中的排骨置于面上，倒入汤头即可。

药补汤头

材　料： 排骨600克、猪骨500克、药炖排骨药包1份、姜1块、米酒20毫升、水1500毫升

做　法：
排骨、猪骨氽烫后与所有材料入锅，以小火蒸煮约4小时即可。

266 锅烧意面

材料 * Ingredient
炸意面1个、鲜虾2只、
蛤蜊3个、鱼板2片、
墨鱼3片、鲜香菇1朵、
上海青50克

调味料 * Seasoning
盐1/2小匙、鸡粉1/2小匙、胡椒粉少许

做法 * Recipe
1. 鲜虾洗净，背部用牙签挑出肠泥；上海青、鲜香菇去头、洗净，备用。
2. 煮一锅600毫升的水（材料外），待水滚后，放入鲜虾、鲜香菇、蛤蜊、墨鱼、鱼板与炸意面。
3. 接着放入全部调味料，以及上海青，待再次煮滚拌匀即可。

267 韩国鱿鱼羹面

材料＊Ingredient
泡发鱿鱼·········1/2只
清高汤·······350毫升
油面············150克
笋丝·············15克
圆白菜··········50克
胡萝卜丝········15克
黑木耳丝········10克
罗勒·············5片

调味料＊Seasoning
盐···············1/2小匙
胡椒粉·········1/4小匙
沙茶酱···········1小匙
水淀粉·········1.5小匙
香油···········1/2小匙

做法＊Recipe
1. 圆白菜洗净，沥干水分，切丝；泡发鱿鱼洗净，切小块；罗勒洗净并沥干水分，备用。
2. 圆白菜丝、泡发鱿鱼及笋丝、胡萝卜丝、黑木耳丝放入开水氽烫，捞起沥干水分备用。
3. 将清高汤煮滚，放入做法2的材料及所有调味料（水淀粉和香油除外）拌匀后，加入水淀粉勾芡并淋上香油。
4. 面条放入开水中煮35分钟，捞出放入碗内，再淋上做法3的汤料，放上罗勒即可。

268 鱿鱼羹面

材料＊Ingredient
高汤·········2000毫升
柴鱼片··········20克
胡萝卜丁········适量
白萝卜丁········适量
水发鱿鱼······300克
水淀粉··········适量
油面············110克
罗勒············适量

调味料＊Seasoning
A 盐··············4克
　糖··············5克
B 沙茶酱·····适量
　白胡椒粉·····适量
　鸡粉··········适量
　香油··········适量
C 辣椒油········适量

做法＊Recipe
1. 高汤、柴鱼片及调味料A一起煮沸后滤渣，再加入调味料B煮匀，以水淀粉勾薄芡备用。
2. 鱿鱼浸泡清水至无碱味，洗净后切长块，放入沸水中氽烫至熟；红萝卜丁、白萝卜丁放入沸水氽烫至熟；罗勒洗净，备用。
3. 油面放入沸水中氽烫至熟，捞出沥干放入汤碗里，加入鱿鱼块、萝卜丁，淋上适量做法1的汤汁，添加辣椒油、罗勒拌匀即可。

269 沙茶鱿鱼羹面

材料 ＊ Ingredient

市售鱿鱼羹 …… 适量
白萝卜 …………100克
笋丝 ……………50克
干黄花菜………10克
柴鱼片 …………8克
高汤 ……2000毫升
罗勒……………5克
油面…………150克
水 ……………75毫升

调味料 ＊ Seasoning

盐 …………………1小匙
糖 …………1/2小匙
酱油 ………1/2小匙
沙茶酱 ………2大匙
淀粉……………50克

做法 ＊ Recipe

1. 白萝卜洗净去皮后，刨成细丝，黄花菜泡软洗净后去蒂，和笋丝一起放入开水中氽烫至熟，捞出后放入高汤中以中大火煮至滚开，加入盐、糖、酱油和柴鱼片，续以中大火煮至滚沸。

2. 将淀粉和水调匀徐徐淋入做法1的材料中，并一边搅拌至完全淋入，待再次滚沸时加入沙茶酱和鱿鱼羹拌匀，即为沙茶鱿鱼羹。

3. 将油面放入沸水中氽烫，立即捞起沥干水分，盛入碗中，再加入适量沙茶鱿鱼羹，并加入罗勒增味即可。

270 鲀鲀鱼羹面

材料 ＊ Ingredient

鲀鲀鱼（切条）500
克、大白菜丝250
克、黑木耳丝50克、
胡萝卜丝50克、葱酥
80克、姜末60克、蒜
泥适量、香菜适量、
油面150克

腌料 ＊ Pickle

葱段60克、姜片40克、胡椒粉1小匙、米酒100毫升

调味料 ＊ Seasoning

A 红薯粉适量、鱼高
汤1500毫升（做法
参考P135）、水淀
粉适量、乌醋60毫
升、香油1大匙、
B 盐1小匙、糖2大
匙、胡椒粉2小匙、
米酒60毫升

做法 ＊ Recipe

1. 将鲀鲀鱼条与所有腌料混合，腌约30分钟以上，取出鲀鲀鱼条沾红薯粉后，放入约170℃的油锅中，以中火炸至呈金黄酥脆状，捞出备用。

2. 将鱼高汤煮至沸腾后加入大白菜丝、黑木耳丝、胡萝卜丝、葱酥、姜末与调味料B再次沸腾后，倒入水淀粉勾芡，再加入鲀鲀鱼条、蒜泥、乌醋与香油拌匀，即为鲀鲀鱼羹。

3. 将油面入沸水中氽烫，立即捞起沥干，盛入碗中，加入适量鲀鲀鱼羹，并加入香菜增味即可。

147

271 鱼酥羹面

材料 ＊ Ingredient

鱼酥10片、香菇3朵、笋丝50克、干黄花菜10克、柴鱼片8克、油蒜泥10克、高汤2000毫升、香菜叶少许、油面150克

调味料 ＊ Seasoning

盐1又1/2小匙、糖1小匙、淀粉50克、水75毫升

做法 ＊ Recipe

1. 香菇洗净泡软后切丝状，干黄花菜洗净泡软后去蒂。将上述材料和笋丝一起放入开水中略汆烫至熟，捞起放入盛有高汤的锅中以中大火煮至滚沸，再加入盐、糖、柴鱼片、油蒜泥，续以中大火煮至滚沸。
2. 将淀粉和水调匀，缓缓淋入做法1的材料中，并一边搅拌至完全淋入，待再次滚沸后盛入碗中，并趁热加入鱼酥和香菜叶。
3. 将油面汆烫熟，淋上适量做法2的羹汤即可。

272 沙茶羊肉羹面

材料 ＊ Ingredient

油面200克、羊肉片100克、熟笋丝20克、蒜泥适量、高汤500毫升、水淀粉适量、罗勒适量

调味料 ＊ Seasoning

A 沙茶酱1/3大匙、盐少许、米酒1小匙
B 沙茶酱1大匙、酱油1/2大匙、盐少许糖1/2小匙、鸡粉少许

做法 ＊ Recipe

1. 羊肉片洗净沥干，备用。
2. 热锅，加入1大匙色拉油，爆香蒜泥，再加入羊肉片拌炒，续加入调味料A炒熟，盛起备用。
3. 重新热锅，放入1大匙色拉油爆香蒜泥，续加入调味料B中的沙茶酱炒香，接着倒入高汤、熟笋丝，与剩余的调味料B，煮滚后用水淀粉勾芡，即为羹汤。
4. 将油面放入沸水中汆烫，立即捞起沥干水分，盛入碗中，再加入适量羊肉片、羹汤，并加入罗勒增味即可。

273 红烧牛肉面

材料 * Ingredient
红烧牛肉汤500毫升、拉面1把、小白菜适量、葱花少许

做法 * Recipe
1. 拉面煮约3.5分钟，边煮边以筷子略微搅动，捞出沥干水分备用。
2. 小白菜洗净切段，汆烫约1分钟，捞起沥干。
3. 将拉面放入碗中，再倒入红烧牛肉汤，并加入熟牛腱块，放上小白菜段与葱花即可。

红烧牛肉汤

材料： 熟牛腱1个、葱3根、牛脂肪50克、姜50克、红葱头3粒、蒜头3粒、花椒1/4小匙、牛高汤3000毫升

调味料： 豆瓣酱2大匙、盐1小匙、糖1/2小匙

做法：
1. 熟牛腱洗净切小块；葱洗净切段；姜洗净去皮拍碎；红葱头去皮切碎；蒜头切细末，备用。
2. 将牛脂肪汆烫去脏，捞出沥干后切成小块备用。
3. 热锅，锅内加少许色拉油，放入牛脂肪翻炒至出油，炒至牛脂肪呈现焦黄干的状态，放入葱段，以小火炒至葱段呈金黄色；再加入姜碎、红葱碎、蒜泥，炒约1分钟，再放入花椒、豆瓣酱与牛腱肉块，续以小火炒约3分钟，加入牛高汤煮至滚。
4. 将做法3的材料倒入汤锅，以小火焖煮约1小时后，再捞除较大的姜碎、葱段及花椒等材料，最后加入剩余调味料，煮至再度滚沸即可。

274 清炖牛肉面

材料 * Ingredient
清炖牛肉汤500毫升、细拉面1把、小白菜适量、葱花少许

做法 * Recipe
1. 将细拉面放入开水中煮约3分钟，期间以筷子略微搅拌数下，即捞出沥干水分备用。
2. 小白菜洗净后切段，放入开水中略烫约1分钟后，捞起沥干水分备用。
3. 取一碗，将细拉面放入碗中，再倒入清炖牛肉汤，加入汤中的牛肋条段，最后放上小白菜段与葱花即可。

清炖牛肉汤

材料： 牛肋条300克、白萝卜100克、老姜50克、葱2根、花椒1/4小匙、胡椒粒1/4小匙、牛高汤3000毫升

调味料： 盐1大匙、米酒1大匙

做法：
1. 牛肋条洗净放入开水中汆烫去血水，捞出后切成3厘米小段备用。
2. 白萝卜洗净，去皮，切成长方片，并放入开水中汆烫；老姜洗净去皮后切成片；葱洗净切段。
3. 将牛肋条段、做法2的所有材料与花椒、胡椒粒放入电饭锅中，再加入所有调味料与牛高汤，在外锅加入1杯水，按下开关炖煮，开关跳起后再加入1杯水，按下开关，连续煮约2.5小时即可。

275 西红柿牛肉面

西红柿牛肉汤500毫升、拉面1把、小白菜适量、葱花少许

1. 将拉面放入开水中煮约3.5分钟，期间以筷子略微搅拌数下，再捞出沥干水分备用。
2. 小白菜洗净后切段，放入开水中略烫约1分钟，即捞起沥干水分备用。
3. 将拉面放入碗中，倒入西红柿牛肉汤，加入汤中的熟牛肉块，放上小白菜段与葱花即可。

西红柿牛肉汤

材　料： 熟牛肉300克、西红柿500克、洋葱1/2个、牛脂肪50克、姜50克、红葱30克、牛高汤3000毫升

调味料： 盐1小匙、糖1大匙、番茄酱2大匙、豆瓣酱1大匙

做　法：

1. 熟牛肉切块；洋葱洗净切碎；西红柿洗净切小丁；姜与红葱洗净去皮后切末，备用。
2. 将牛脂肪放入开水中氽烫去脏，再捞出沥干水分后，切小块备用。
3. 热锅加少许色拉油，放牛脂肪块炒至出油，并呈现焦黄干的状态时，即可放入姜末、红葱头末与洋葱碎炒香，再放入豆瓣酱和西红柿丁略炒，加入熟牛肉块再炒约2分钟。
4. 将牛高汤倒入锅内，以小火煮约1小时后，加入其余调味料再煮15分钟即可。

276 麻辣牛肉面

麻辣牛肉汤500毫升、宽面1把、小白菜适量、葱花少许

1. 将宽面放入开水中煮约4.5分钟，期间以筷子略微搅拌数下，捞出沥干水分备用。
2. 小白菜洗净后切段，放入开水中略烫约1分钟，再捞起沥干水分备用。
3. 将宽面放入碗中，倒入麻辣牛肉汤，加入汤中的熟牛腿肉块，放上小白菜段与葱花即可。

麻辣牛肉汤

材　料： 熟牛腿肉500克、葱1根、牛脂肪50克、姜50克、红葱头3粒、蒜头3粒、花椒1小匙、干辣椒6个、牛高汤3000毫升

调味料： 盐1/2小匙、糖1小匙、辣豆瓣酱2大匙

做　法：

1. 熟牛腿肉切小块；葱洗净切小段；姜洗净去皮拍碎；红葱头去皮切碎；蒜头切细末；将牛脂肪氽烫去脏，捞出沥干切小块备用。
2. 热锅，锅内加少许油，放入牛脂肪翻炒至呈焦黄干，加入花椒，再放入葱段，以小火炒至葱段呈金黄色，续放入干辣椒炒至棕红色，最后放入姜末、红葱头末、蒜泥炒约2分钟。
3. 加入辣豆瓣酱以小火炒约1分钟，再加入熟牛腿肉块炒约3分钟，最后加入牛高汤。
4. 将做法4的材料全部倒入汤锅内，以小火炖煮约1小时，加入剩余调味料再煮30分钟即可。

277 药膳牛肉面

材料 * Ingredient
药膳牛肉汤500毫升、宽面1把、小白菜适量

做法 * Recipe
1. 将宽面放入开水中煮约4.5分钟，期间以筷子略微搅拌数下，即捞出沥干水分备用。
2. 小白菜洗净后切段，放入开水中略烫约1分钟，再捞起沥干水分备用。
3. 取一碗，将宽面放入碗中，再倒入药膳牛肉汤，加入汤中的牛肋条块，最后放上小白菜段即可。

药膳牛肉汤

材　料：牛肋条300克、牛高汤3000毫升
调味料：米酒200毫升、盐1大匙
药　材：当归3片、川芎4片、茯苓4克、北芪10克、甘草3克、熟地黄6克、红枣8颗、桂枝5克、白芍3克、党参5克

做　法：
1. 牛肋条汆烫去血水，捞出切成3厘米小段备用。
2. 所有药材用水洗净后，捞出沥干水分，并浸泡在牛骨高汤里30分钟。
3. 将牛肋条块、药材、牛高汤与米酒一起放入电锅内，外锅加入1杯水，按下开关炖煮，开关跳起后再加入1杯水，按下开关，连续炖煮约3小时，起锅前加入盐调味即可。

278 蔬菜牛肉面

材料 * Ingredient
蔬菜牛肉汤500毫升、拉面1把

做法 * Recipe
1. 将拉面放入开水中煮约3.5分钟，期间以筷子略微搅动数下，即捞出沥干水分备用。
2. 取一碗，将拉面放入碗中，再倒入蔬菜牛肉汤，加入汤中的牛腿肉块，最后加入炖煮的蔬菜即可。

蔬菜牛肉汤

材　料：牛腿肉300克、西红柿3个、西芹80克、胡萝卜80克、圆白菜80克、洋葱1/2个、姜50克、牛骨高汤3000毫升
调味料：盐1/4小匙
做　法：
1. 将牛腿肉洗净，放入开水中汆烫去血水后，捞出沥干水分，将牛腿肉略切成6×3厘米大小的块状备用。
2. 将西红柿、西芹、胡萝卜、圆白菜分别以清水洗净后，略切成适当大小；姜洗净去皮切片；洋葱洗净切小片备用。
3. 将做法2的所有材料和牛腿肉块一起放入砂锅内，加入牛骨高汤以小火炖煮2.5小时，起锅前加入盐调味即可。

279 咖喱牛肉面

材料＊Ingredient
咖喱牛肉汤500毫升、阳春面1把、小白菜适量

做法＊Recipe
1. 将阳春面放入开水中煮约3分钟，期间以筷子略微搅动数下，即可捞出沥干水分备用。
2. 小白菜洗净后切段，放入开水中略烫约1分钟，即可捞起沥干水分备用。
3. 取一碗，将阳春面放入碗中，再倒入咖喱牛肉汤，加入汤中的熟牛腿肉块，最后放上小白菜段即可。

咖喱牛肉汤
材料：熟牛腿肉300克、洋葱1个、蒜头30克、牛脂肪50克、牛骨高汤3000毫升
调味料：咖喱粉1大匙、盐1小匙、糖1/2小匙
做法：
1. 熟牛腿肉切块；洋葱洗净切碎；蒜头洗净切末，备用。
2. 将牛脂肪放入开水中汆烫去脏，再捞出沥干水分后，切小块备用。
3. 热一锅，锅内加少许色拉油，放入牛脂肪块翻炒至出油，至呈现焦黄干的状态，接着放入蒜泥、洋葱碎一起炒香，再放入咖喱粉略炒，最后加入熟牛腿肉块再炒约2分钟。
4. 锅中加入牛骨高汤，以小火煮约1小时后，加入其余调味料再煮15分钟即可。

280 香菜牛肉面

材料＊Ingredient
熟牛肉150克、面150克、青菜适量、胡椒牛肉汤500毫升、香菜少许

调味料＊Seasoning
盐1/2小匙、胡椒粉少许

做法＊Recipe
1. 将汤头中己煮熟的牛肉取出，切成小块备用。
2. 把面、青菜烫熟放进碗内。
3. 胡椒牛肉汤加入调味料调味后倒入碗中，放进牛肉块，撒上香菜即可。

胡椒牛肉汤
材料：牛肉600克、牛骨1000克、水3000毫升、米酒200毫升、香菜头300克
调味料：胡椒粒200克、盐1小匙
做法：
1. 把牛肉、牛骨汆烫洗净，放进汤锅中。
2. 将水、米酒倒入汤锅中，再加入胡椒粒、香菜头、盐，以小火熬煮约4小时即可。

281 热干面

材料＊Ingredient	调味料＊Seasoning
油面⋯⋯⋯⋯ 200克	热汤⋯⋯⋯⋯⋯3大匙
葱花⋯⋯⋯⋯⋯ 5克	酱油⋯⋯⋯⋯⋯1大匙
	辣椒油⋯⋯⋯⋯2大匙
	芝麻酱⋯⋯⋯⋯1小匙
	糖⋯⋯⋯⋯ 1/2小匙
	五印醋⋯⋯⋯⋯1大匙
	香油⋯⋯⋯⋯ 1/2小匙

做法＊Recipe

1. 将所有调味料放入碗内拌匀备用。
2. 面条入开水中煮约25分钟，捞起并沥干水分，盛入碗中。
3. 拌匀后撒上葱花即可。

美味memo

芝麻酱一定要先用水或汤拌匀，再加入面中，否则无法搅拌均匀。

282 肉臊面

材料＊Ingredient	调味料＊Seasoning
细阳春面⋯⋯⋯ 1把	酱油⋯⋯⋯⋯⋯2大匙
五花肉泥⋯⋯ 300克	米酒⋯⋯⋯⋯⋯3大匙
绿豆芽 ⋯⋯⋯ 50克	糖⋯⋯⋯⋯⋯1小匙
红葱酥 ⋯⋯⋯ 2大匙	胡椒粉⋯⋯⋯ 1/2小匙
葱花⋯⋯⋯⋯⋯ 适量	肉桂粉⋯⋯⋯ 1/4小匙
水 ⋯⋯⋯⋯300毫升	

做法＊Recipe

1. 绿豆芽洗净，入开水中氽烫即捞起并沥干水分备用。
2. 热锅，加入1大匙色拉油，将肉泥炒至变白，加入糖、米酒一起炒约2分钟。
3. 再加入水及其他调味料、红葱酥，以小火煮约1小时，即成肉臊。
4. 面条入开水中煮约2.5分钟，捞起沥干水分，放入碗中，加入肉臊2大匙，再撒上葱花与绿豆芽即可。

283 葱油意面

材料 * Ingredient
意面85克、绿豆芽
15克、炒肉末1大匙

调味料 * Seasoning
红葱油1大匙、盐1/6
小匙

做法 * Recipe

1. 将红葱油及盐加入碗中拌匀。
2. 取锅加水烧滚后，放入意面用小火煮约1分钟，期间用筷子搅动将面条散开，煮好后将面捞起，并稍加沥干水分备用。
3. 将煮好的面放入做法1的碗中拌匀。
4. 绿豆芽用开水略烫一下后捞起置于面上，再放入炒肉末即可。

炒肉末

材 料： 猪肉泥300克、葱花80克
调味料： 色拉油2大匙、酱油2大匙
做 法：

1. 取锅倒入色拉油，热至80℃左右时下猪肉泥。
2. 开大火，炒至猪肉泥表面变白、散开后，加入葱花炒香。
3. 将酱油浇在猪肉泥上。
4. 持续以小火慢炒约15分钟，直至猪肉泥完全无水分且表面略焦黄即可。

284 福州傻瓜拌面

材料 * Ingredient
细阳春面·······150克
熟猪油·········2小匙
葱花··············5克
清高汤·······30毫升

调味料 * Seasoning
五印醋··········1小匙
蚝油············1小匙
鸡粉··········1/4小匙
盐············1/8小匙

做法 * Recipe

1. 热锅，放入清高汤煮滚再放入熟猪油，一起煮匀即盛入碗中，并加入所有调味料一起拌匀，备用。
2. 面条入锅煮约2.5分钟即捞起，捞起并沥干水分，盛入做法1的碗中。
3. 拌匀后撒上葱花即可。

美味memo

傻瓜拌面一定要加猪油一起拌才会好吃，但是市售的猪油许多都有添加人工白油，香气差很多。其实自己炸猪油不难，只要准备500克的肥猪肉，放入烧热的干锅中炒至出油，再以小火慢慢将肥猪肉炸至干，取出锅中的油待冷却后凝结，就是香喷喷的猪油啰！而锅中的猪肉渣也别丢弃，还可以跟圆白菜一起拌炒。

285 炸酱面

材料＊Ingredient
五花肉150克、毛豆20克、葱1根、红葱头末10克、 胡萝卜20克、豆干1块、拉面150克

调味料＊Seasoning
豆瓣酱2小匙、甜面酱1小匙、糖1小匙、水200毫升、水淀粉1/4小匙、盐1/2小匙、色拉油10毫升

做法＊Recipe
1. 将五花肉用开水煮约10分钟，放凉切丁。
2. 取一汤锅，放入水3000毫升，煮至沸腾后，加入1/2小匙的盐，再放入拉面煮3分钟，水煮滚第1次时加入1/2碗水，过15秒待水第2次小滚时再加入1/2碗水，等到第3次水小滚后即可熄火，将拉面捞起拌开，盛碗备用。
3. 毛豆放入开水中烫10~15秒后，捞起过凉水；葱洗净切细段状；胡萝卜、豆干洗净切成丁。
4. 热锅加入10毫升色拉油，小火将红葱头炒至金黄色，放入肉丁炒至肉质出油；接着再放入葱段、毛豆、胡萝卜丁及豆干丁炒约3分钟，然后加入豆瓣酱及甜面酱一起炒至所有材料均匀上色；再加入200毫升的水和糖翻炒10分钟后，淋上水淀粉勾芡略炒，淋在拉面上即可。

286 麻酱面

材料＊Ingredient
拉面…………150克
小白菜…………3棵
水…………3000毫升
盐…………1/2小匙

调味料＊Seasoning
芝麻酱…………2大匙
蚝油…………1小匙
盐…………1/4小匙
糖…………1/4小匙
鸡粉…………少许

做法＊Recipe
1. 将调味料充分拌匀成麻酱汁备用。
2. 取一汤锅，放入水3000毫升，煮开后，先加入1/2小匙的盐，再放入拉面煮3分钟，后加入1/2碗冷水，再过15秒，待第二次水小滚再加入1/2碗冷水，等到第三次水小滚后即可熄火，将拉面捞起摊开备用。
3. 取做法2煮面的汤约100毫升放入麻酱汁均匀拌开，再加入面条并用筷子拌匀后，放入碗中备用。
4. 小白菜洗净切成约5厘米长段，放入开水中烫5秒钟后捞起，最后放在面上即可。

287 蚝油捞面

材料 * Ingredient
广东生面1把、香菇4
朵、芥蓝菜4棵

调味料 * Seasoning
蚝油1大匙、猪油1/2小
匙、热汤3大匙

做法 * Recipe
1. 芥蓝菜洗净并沥干水分，切去老茎处；香菇泡水，备用。
2. 面条放入开水中汆烫约2分钟，捞出过冷水后，再放入锅中汆烫约30秒钟，捞出沥干水分，放入碗中备用。
3. 芥蓝菜放入做法2的开水中，汆烫约1分钟后捞出并沥干水分，放入做法2的碗中备用。
4. 再加入所有调味料及香菇，一起拌匀即可。

288 四川担担面

材料 * Ingredient
细阳春面110克、猪肉泥
120克、红葱头末10克、蒜
泥5克、葱花15克、花椒粉
少许、干辣椒末适量、葱
花少许、熟白芝麻少许

调味料 * Seasoning
红油1大匙、芝麻酱1小
匙、蚝油1/2大匙、酱油
1/3大匙、盐少许、糖1/4
小匙

做法 * Recipe
1. 热锅，加入1大匙色拉油，爆香红葱头末、蒜泥，再加入猪肉泥炒散，续放入葱花、花椒粉、干辣椒末炒香。
2. 放调味料，并加100毫升水炒至微干，即为四川担担酱。
3. 煮一锅水，加入少量的色拉油煮滚，再放入细阳春面拌散，煮约1分钟后捞起沥干，盛入碗中。
4. 加入适量四川担担酱，撒上葱花与熟白芝麻即可。

289 沙茶拌面

材料 * Ingredient
蒜泥…………………12克
阳春面 …………… 90克
葱花…………………6克

调味料 * Seasoning
沙茶酱 ………… 1大匙
猪油………………1大匙
盐 ………… 1/8小匙

做法 * Recipe
1. 将蒜泥、沙茶酱、猪油及盐加入碗中一起拌匀。
2. 取锅加水烧滚后，放入阳春面用小火煮1~2分钟，期间用筷子搅动将面条散开，煮好后将面捞起，并稍加沥干水分备用。
3. 将煮好的面放入做法1的碗中拌匀，再撒上葱花即可，亦可依个人喜好加入乌醋、辣椒油或辣椒渣拌食。

290 鸡肉酱拌面

材料 * Ingredient

细拉面·········150克
葱花··········· 5克
鸡胸肉········· 200克
洋葱碎········· 2大匙
蒜泥·········3克
水淀粉··········· 2小匙
水············300毫升

调味料 * Seasoning

蚝油············1小匙
鸡粉··········· 1/2小匙
米酒············1大匙
甜面酱·········1小匙
辣豆瓣酱·······2小匙

腌料 * Pickle

盐················1小匙
淀粉·············1小匙
米酒···············少许

做法 * Recipe

1. 鸡胸肉洗净并沥干水分，切剁成鸡蓉，拌入腌料备用。
2. 热锅，加入3大匙色拉油，放入蒜泥、洋葱碎一起拌炒约2分钟，再加入鸡蓉炒至变白。
3. 加入甜面酱、辣豆瓣酱一起炒约1分钟，加入水、其余调味料一起煮约5分钟，再加入水淀粉勾芡，即成鸡肉酱。
4. 面条入开水中煮约3分钟，捞起沥干，放入碗中，加入2大匙鸡肉酱，再撒上葱花即可。

291 虾酱拌面

材料 * Ingredient

细拉面150克、葱花5克、虾仁150克、虾米50克、葱花50克、五花肉泥100克、红葱头末30克、蒜泥20克、米酒2大匙、水150毫升

调味料 * Seasoning

虾酱1小匙、蚝油1小匙、盐1/4小匙、糖1小匙、水淀粉1小匙

做法 * Recipe

1. 虾仁洗净，入开水中汆烫至熟，捞起沥干水分切碎；虾米洗净，沥干水分切碎，备用。
2. 热锅，加入3大匙色拉油，放入虾米末、蒜泥、红葱头末、葱花及五花肉，一起拌炒至五花肉呈干香。
3. 再加入虾酱炒匀，放入米酒、水、其余调味料，以小火煮约10分钟，加入虾仁末拌匀，加入水淀粉勾芡，即成虾酱备用。
4. 面条放入开水中煮约3分钟，捞起沥干水分，放入碗中，加入2大匙虾酱，撒上葱花即可。

292 臊子面

材料 * Ingredient

细阳春面150克、肉泥100克、虾米1/2小匙、荸荠2个、洋葱丁15克、鲜黑木耳20克、泡发香菇1朵、葱花5克、鸡蛋1个、清高汤300毫升

调味料 * Seasoning

酱油1小匙、蚝油2小匙、香油1/2小匙、水淀粉1大匙

做法 * Recipe

1. 荸荠、鲜黑木耳、香菇、虾米洗净并沥干水分后，分别切成小丁备用。
2. 热锅，加入1/2大匙的色拉油及肉泥，将肉泥炒至焦黄，加入洋葱丁及做法1的所有材料一起炒约2分钟，再加入清高汤以小火煮约10分钟。
3. 另热锅，加入适量的色拉油，将鸡蛋打散后加入锅中，将鸡蛋炒散后盛出备用。
4. 锅中加入水后，待水煮滚，再放入面条煮约2.5分钟，捞出沥干水分放入碗中。
5. 再加入做法2的汤料及炒蛋，撒上葱花即可。

293 榨菜肉丝干面

材料 * Ingredient

猪瘦肉100克、榨菜100克、蒜泥5克、红辣椒末10克、葱花10克、花生粉少许、粗阳春面110克

调味料 * Seasoning

淡色酱油1/2小匙、盐少许、糖少许、鸡粉1/4少许、胡椒粉少许

做法 * Recipe

1. 猪瘦肉洗净切丝；榨菜洗净切丝，备用。
2. 热锅，加入2大匙色拉油，爆香蒜泥、红辣椒末，再放入猪瘦肉丝，炒至肉色变白，续放入葱花、榨菜丝略拌炒，接着放入全部调味料及100毫升的水炒至微干入味，即为榨菜肉丝料。
3. 煮一锅水，待水滚后，放入粗阳春面拌散，煮约2分钟后捞起沥干水分，盛入碗中。
4. 加入适量榨菜肉丝料，并撒上少许花生粉增味即可。

294 京酱肉丝拌面

材料＊Ingredient

面	150克
猪肉丝	80克
小黄瓜	1/2个
姜末	8克
蒜泥	8克
葱花	5克
水	50毫升

调味料＊Seasoning

甜面酱	1.5大匙
糖	1小匙
米酒	少许
淀粉	1/4小匙
色拉油	20毫升

做法＊Recipe

1. 猪肉丝洗净，用淀粉抓匀；小黄瓜洗净切丝备用。
2. 热锅，倒入色拉油烧热，先放入姜末、蒜泥以小火炒约1分钟，再放入肉丝，转中火炒约1分钟。
3. 续将甜面酱放入锅中炒约1分钟后，加入水、糖、酒炒约2分钟，即可起锅为酱汁备用。
4. 取一汤锅，倒入适量的水煮至滚沸，放入面条以小火煮约3分钟至面熟软后，捞起沥干放入碗中。
5. 将做法3的酱汁倒入碗中，再撒上葱花、小黄瓜丝拌匀即可。

295 豆干拌面

材料＊Ingredient

豆干	3片
油面	130克
市售拌饭酱	200克
毛豆	30克
葱	2根

调味料＊Seasoning

盐	少许
白胡椒粉	少许

做法＊Recipe

1. 豆干洗净切成小丁状；毛豆洗净；葱洗净切成小段备用。
2. 取1个炒锅，先加入1大匙色拉油，再加入做法1的材料以中火先爆香。
3. 续加入拌饭酱一起翻炒均匀，再加入所有的调味料一起调味备用。
4. 取碗放入油面，再将做法3的材料放在面上即可。

在使用拌饭酱时要注意瓶子里有很多的香油，所以使用时尽量将油沥干后，再倒入锅中一起翻炒均匀，吃起来才不会太油腻。

296 沙茶羊肉面

材料 * Ingredient
羊肉片150克、油面120克、葱1根、洋葱1/2个、蒜头2粒、红辣椒1/3个、胡萝卜15克、姜8克、竹笋1根

调味料 * Seasoning
沙茶酱1大匙、酱油1大匙、香油1小匙、盐少许、白胡椒粉少许、水250毫升

做法 * Recipe
1. 将葱洗净切段；洋葱、胡萝卜、竹笋、姜洗净切丝；蒜头、红辣椒洗净切片备用。
2. 取1个炒锅，加入1大匙色拉油，再加入羊肉片以大火爆香。
3. 加入做法1的所有材料翻炒均匀，再加入所有的调味料一起拌炒均匀。
4. 取碗放入油面，再将做法3的材料放在面上即可。

美味memo
沙茶羊肉面在炒的过程中，要以大火快炒所有的食材，最重要的是沙茶酱要稍微爆香一下，这样才会让沙茶酱的香气散发出来。

297 姜葱汁拌面

材料 * Ingredient
面 ·············· 200克
鸡胸肉 ·········· 50克
姜末 ············· 15克
葱花············· 15克

调味料 * Seasoning
盐 ··········· 1/2小匙
胡椒粉 ·········· 少许
香油 ············ 少许
色拉油 ······· 30毫升

做法 * Recipe
1. 鸡胸肉洗净切成细末备用。
2. 热锅，倒入色拉油烧热，先放入鸡肉末以中火炒约1分钟后，再加入姜末、葱花、盐、胡椒粉炒约1分钟，即可起锅为酱料备用。
3. 取一汤锅，倒入适量的水煮至滚沸，放入面条以小火煮约3分钟至面熟软后，捞起沥干放入碗中。
4. 将酱料倒入碗中，再加入香油拌匀即可。

298 金黄洋葱拌面

材料 * Ingredient

面 ……………… 200克
鸡胸肉 ……… 50克
洋葱 …………… 80克

调味料 * Seasoning

蚝油 ……………… 1小匙
盐 ………………… 少许
色拉油 ……… 20毫升

做法 * Recipe

1. 鸡胸肉、洋葱分别洗净切末备用。
2. 热锅，倒入色拉油烧热，先放入洋葱碎，以小火慢炒至呈金黄色，再放入鸡胸肉末，炒至肉色变白，加入蚝油及盐略炒约2分钟，即可起锅为酱料备用。
3. 取一汤锅，倒入适量的水煮至滚沸，放入面条以小火煮约3分钟至面熟软后，捞起沥干放入碗中。
4. 将酱料倒入碗中，拌匀即可。

299 蛋酥拌面

材料 * Ingredient

面 ……………… 150克
鸡蛋 ……………… 2个
葱花 …………… 10克

调味料 * Seasoning

盐 ……………… 1/4小匙
酱油 …………… 1/2小匙
色拉油 …… 200毫升

做法 * Recipe

1. 将鸡蛋打入碗中，并加盐打散成蛋液备用。
2. 起一油锅，加热至160℃后，转小火，取一细滤网提高，另一手倒入蛋液；再用竹筷快速搅动油锅中的蛋液，直到蛋液炸至金黄酥脆状后捞出并滤干油备用。
3. 取一汤锅，倒入适量的水煮至滚沸，放入面条以小火煮约3分钟至面熟软后，捞起沥干放入碗中。
4. 碗中先加入酱油，再放上做法2的蛋酥，并撒上葱花拌匀即可。

300 肉末雪菜拌面

材料 * Ingredient
猪肉泥80克、油面130克、雪菜100克、蒜头2粒、红辣椒1/3个、葱1根

调味料 * Seasoning
酱油膏1大匙、香油1小匙、盐少许、白胡椒粉少许、糖1小匙

做法 * Recipe
1. 将雪菜洗净切碎；蒜头、红辣椒洗净切片；葱洗净切碎备用。
2. 起1个炒锅，先加入1大匙色拉油，再加入猪肉泥以中火爆香。
3. 加入做法1的材料和所有的调味料翻炒均匀备用。
4. 取碗放入油面，再将做法3的材料放在面上即可。

301 猪肉什锦面

材料 * Ingredient
猪肉120克、油面120克、豆角3根、芹菜1根、虾仁5只、蒜头2粒、红辣椒1/3个

调味料 * Seasoning
糖1小匙、豆瓣酱1小匙、盐少许、白胡椒粉少许、淀粉1大匙、水150毫升

做法 * Recipe
1. 豆角、芹菜洗净切段；蒜头、红辣椒洗净切片；猪肉洗净切丝备用。
2. 虾仁去肠泥，再放入开水中汆烫后，捞起沥干备用。
3. 取锅，加入1大匙色拉油，放入猪肉丝爆香，再加入做法1的材料以中火爆香。
4. 加入汆烫好的虾仁和所有的调味料一起翻炒。
5. 取碗放入油面，再将做法4的材料放在面上即可。

302 红糖酱拌面

材料 * Ingredient
面200克、猪肉泥50克、葱花10克、姜末8克

调味料 * Seasoning
红糖1大匙、凉开水40毫升、香油1小匙、蚝油1小匙、糖1/2小匙

做法 * Recipe
1. 将红糖、凉开水调匀，再加入其余调味料搅拌均匀备用。
2. 热锅，倒入色拉油烧热，先放入姜末、猪肉泥以小火炒约2分钟，再加入汆烫熟的面条煮至汤汁收干后捞起装碗。
3. 将做法1的酱料倒入做法2的碗中，再加上葱花拌匀即可。

303 鸡松拌面

材料＊Ingredient	调味料＊Seasoning
面 ············ 200克	盐 ··········· 1/2小匙
土鸡胸肉 ······150克	糖 ··········· 1/2小匙
葱花 ············ 少许	淀粉 ·········· 1/2小匙
	胡椒粉 ·········· 少许
	色拉油 ······· 80毫升

做法＊Recipe

1. 取一汤锅，倒入适量的水煮至滚沸，将土鸡胸肉去皮后，洗净，放入锅中以小火煮约15分钟捞出，拍松切成细末备用。
2. 热锅，倒入色拉油烧热，先放入鸡胸肉末，并加入盐、淀粉，以小火炒至鸡肉表面呈金黄酥脆状，再加入糖及胡椒粉调味，即可起锅为酱料备用。
3. 另取一汤锅，倒入适量的水煮至滚沸，放入面条以小火煮约3分钟，捞起沥干放入碗中。
4. 将酱料倒入做法3的碗中，加上葱花拌匀即可。

304 京都酱拌面

材料＊Ingredient	调味料＊Seasoning
面 ············ 200克	辣椒酱 ··········1小匙
鸡胸肉 ········100克	番茄酱 ·········· 2大匙
洋葱 ··········· 50克	蚝油 ·········· 1/2小匙
小黄瓜 ········ 1/2根	糖 ············1小匙
水 ··········· 20毫升	色拉油 ······· 10毫升

做法＊Recipe

1. 取一汤锅，倒入适量的水煮至滚沸，将鸡胸肉放入以小火煮约10分钟取出，待凉撕成丝备用。
2. 洋葱、小黄瓜洗净切丝备用。
3. 热锅，倒入色拉油烧热，先放入洋葱丝以小火炒约1分钟，再加入水、所有调味料一起煮约1分钟，即可起锅为酱料备用。
4. 取一汤锅，倒入适量的水煮至滚沸，放入面条以小火煮约3分钟至面熟软后，捞起沥干放入碗中。
5. 将酱料倒入做法4的碗中，再放入鸡丝、小黄瓜丝拌匀即可。

305 豉汁甜椒拌面

材料 * Ingredient

面150克、豆豉8克、陈皮
3克、红甜椒1/2个、姜末5
克、红葱头末5克、葱花8克

调味料 * Seasoning

蚝油1/2小匙、糖1/2小
匙、米酒1小匙、色拉油
20毫升

做法 * Recipe

1. 豆豉泡水10分钟，取出切末；陈皮泡水15分钟，切细
   末；红甜椒洗净切小丁备用。
2. 热锅，倒入色拉油烧热，先放入姜末、红葱头末，以小
   火炒至金黄色，再放入豆豉末炒约1分钟。
3. 放陈皮末炒至略干，加红甜椒及调味料拌匀，即为酱料。
4. 面条入沸水以小火煮约3分钟至面熟软后，捞起沥干放
   入碗中，倒入酱料，放葱花即可。

306 猪肉泥拌面

材料 * Ingredient

面150克、猪肉泥80克、
姜末10克、蒜泥10克、
葱花10克、水30毫升

调味料 * Seasoning

米酒1/2小匙、辣豆瓣酱1
小匙、酱油1/2小匙、乌
醋1/2小匙、糖1大匙、色
拉油20毫升

做法 * Recipe

1. 热锅，倒入色拉油烧热，先放入姜末、蒜泥以小火炒
   黄，再放入猪肉泥炒至肉色变白，加入辣豆瓣酱略炒，
   加水及剩余调味料煮至汤汁收干，即为酱料。
2. 取一汤锅，倒入适量的水煮至滚沸，将面条放入后转小
   火，煮约3分钟至面熟软后，捞起沥干放入碗中备用。
3. 将酱料倒入做法2的碗中，加上葱花拌匀即可。

307 香菇拌面

材料 * Ingredient

香菇5朵、芥蓝菜4棵、
姜片少许、葱段少许、高
汤100毫升、生面150克

调味料 * Seasoning

米酒少许、蚝油2小匙、
水淀粉20毫升、色拉油
10毫升

做法 * Recipe

1. 将处理好的香菇、姜片及葱段一起蒸30分钟。
2. 锅中倒入米酒及高汤烧热，放入做法1的材料与芥蓝
   菜、蚝油，中火煮开后以水淀粉勾芡，并淋入色拉油。
3. 将生面放入开水中煮20秒钟，捞出以冷水冲凉，再次放
   入开水中续烫5秒钟后，捞出沥干水分，盛入盘中。
4. 将做法2的材料淋在面条上即可。

308 榨菜肉酱面

材料＊Ingredient

猪肉泥300克、淡榨菜末1/2杯、小黄瓜末4大匙、面条适量、水1.5杯

调味料＊Seasoning

A 蒜泥1/2杯、市售海鲜酱1/2杯
B 米酒1大匙、糖1大匙、蚝油3大匙、白胡椒粉1/2
   小匙、盐1/2小匙

做法＊Recipe

1. 将猪肉泥炒香，加入蒜泥与海鲜酱炒入味后，依序加入调味料B、淡榨菜末，然后煮至水分略为收干。
2. 将面烫熟后沥干，食用前再拌入做法1的肉酱即可。

备注：拌面食用时可拌入适量香油、葱花增添风味。

309 腐香拌面

材料＊Ingredient

小黄瓜1/2根、洋葱（小）1/2个、沙拉笋50克、豆干100克、绿豆芽50克、猪肉泥100克、生面条（细）适量

调味料＊Seasoning

豆腐乳15克、甜面酱1大匙、酱油15毫升、米酒15毫升、鸡高汤150毫升、水淀粉适量

做法＊Recipe

1. 洋葱洗净切粗末；豆干汆烫切粗丁；沙拉笋洗净切粗丁，备用。
2. 小黄瓜以盐搓揉后洗净，去籽切丝；绿豆芽洗净入开水中汆烫至熟，捞出备用。
3. 将所有调味料混合拌匀备用。
4. 热锅，倒入适量色拉油，放入洋葱碎以中火炒软，加入猪肉泥炒至变色，再加入笋丁、豆干丁拌炒一下，倒入拌匀的调味酱，煮至入味，最后以水淀粉勾薄芡盛起。
5. 将生面条煮熟，捞起沥干后盛入碗中，再将做法4的材料拌入，放上小黄瓜丝及绿豆芽即可。

310 鸡丝拌面

材料＊Ingredient

A 鸡胸肉1片、高汤4杯、蔬菜面110克、胡萝卜丝适量、红葱酥适量、葱花适量

B 八角1粒、老姜1片、米酒20毫升、糖5克、盐5克

调味料＊Seasoning

高汤10毫升、鸡油12毫升、酱油膏8克

做法＊Recipe

1. 材料A的高汤与材料B一起煮至沸腾，放入鸡胸肉煮10~12分钟至熟，捞出鸡胸肉浸泡入凉开水中至凉，再剥成丝状。
2. 蔬菜面放入沸水中煮软，捞出放入碗内，加入所有调味料拌匀。
3. 加入鸡丝、烫过的胡萝卜丝、红葱酥及葱花即可。

311 怪味鸡丝拌面

材料＊Ingredient

鸡腿1个、老姜片2片、米酒15毫升、面条110克、葱丝适量、红辣椒丝适量

调味料＊Seasoning

葱花5克、姜末5克、蒜泥5克、红辣椒末5克、蚝油5毫升、白醋3毫升、辣椒油3毫升、花椒粉3克、香油3毫升、糖10克、芝麻酱10克、高汤50毫升

做法＊Recipe

1. 将鸡腿、老姜片、米酒放入沸水中煮至鸡腿熟透，将鸡腿捞出浸泡入冰水中待凉，再剥成丝备用。
2. 调味料混合拌匀即是怪味酱，备用。
3. 面条放入沸水中煮软，捞出沥干放入碗内，于面条上面放上鸡丝，再淋上怪味酱，最后撒上葱丝、红辣椒丝，食用前拌匀即可。

312 牛蒡拌面

材料 ＊ Ingredient

新鲜牛蒡……… 300克
全麦面条……… 110克
（1碗分量）
黑芝麻………… 8克
香菜…………… 适量
水……………… 1碗

调味料 ＊ Seasoning

A 陈醋………… 4毫升
甜酱油露·· 10毫升
香油………… 3毫升
B 鱼露………… 3毫升
红葱头酥…… 5克
香油………… 2毫升

做法 ＊ Recipe

1.牛蒡用刀背刮去表皮后，洗净削成细丝，再浸泡入冷水中洗净，沥干水分备用。
2.将牛蒡丝与调味料A煮至水分收干，接着加入炒过的黑芝麻拌匀。
3.全麦面条放入沸水中煮软，加入调味料B拌匀，再加上牛蒡丝、香菜即可。

313 酸豆角拌面

材料 ＊ Ingredient

酸豆角………… 200克
猪肉末………… 100克
蒜泥…………… 10克
胡萝卜面……… 110克
水……………… 1/2碗

调味料 ＊ Seasoning

A 蚝油………… 5毫升
酱油膏……… 3克
香油………… 5毫升
B 糖…………… 15克
香油………… 10毫升

做法 ＊ Recipe

1.酸豆角放入沸水中汆烫一下，捞起切成小段。
2.热一锅放入适量的油，加入酸豆角与猪肉末、蒜泥炒香，加入调味料B、水一起煮熟即成拌料。
3.胡萝卜面放入沸水中煮软，加入调味料A拌匀。
4.加入拌料拌匀即可。

314 干拌刀切面

材料 ＊ Ingredient

面团…………100克
（做法参考P188）
葱花……………5克
凉开水………2大匙

调味料 ＊ Seasoning

芝麻酱…………1大匙
酱油膏…………1小匙
糖………………1小匙
香油……………1大匙

做法 ＊ Recipe

1. 将面团擀成厚约0.2厘米的长方形，撒上一些面粉（材料外）以防止粘住，对折后用刀切成宽约1厘米的条状，即成刀切面。
2. 烧一锅水，水开后将刀切面下锅，以小火煮约4分钟至软，捞起沥干装碗。
3. 芝麻酱先用凉开水调稀，再加入酱油膏、糖、香油一起拌匀，淋在的面条上，最后撒上葱花即可。

315 麻辣猫耳朵

材料 ＊ Ingredient

面团…………100克
（做法参考P188）
香菜…………少许
凉开水………2小匙

调味料 ＊ Seasoning

酱油……………2小匙
蚝油……………1小匙
白醋……………1小匙
糖……………1.5小匙
辣椒油…………2大匙
花椒粉…………少许

做法 ＊ Recipe

1. 将所有调味料及凉开水拌匀成红油酱汁备用。
2. 将面团搓成长条后，分成每个重约4克的小面团，再用拇指压成猫耳朵状。
3. 烧一锅水，水开后放入猫耳朵，转小火煮约3分钟后捞起装碗。
4. 淋上红油酱汁，再撒上香菜增味即可。

316 大面炒

材料 * Ingredient
粗油面 ········· 600克
绿豆芽 ········· 80克
韭菜段 ········· 60克
胡萝卜丝 ······· 20克
水 ··········· 100毫升
肉臊 ··········· 适量

调味料 * Seasoning
酱油 ··········· 1大匙
鸡粉 ··········· 少许
油葱酥油 ······· 1大匙

做法 * Recipe
1. 热一炒锅，加入所有调味料与水煮滚，再放入粗油面拌炒均匀，盛盘备用。
2. 把胡萝卜丝、绿豆芽、韭菜段放入开水中汆烫至熟，捞出沥干水分备用。
3. 把做法2的材料放入做法1的面盘上，再加入肉臊即可。

317 台式经典炒面

材料 * Ingredient
油面 ··········· 200克
香菇 ··········· 3克
虾米 ··········· 15克
猪肉丝 ········· 100克
胡萝卜 ········· 10克
圆白菜 ········· 100克
高汤 ········· 100毫升
红葱头末 ······· 10克
芹菜末 ········· 少许

调味料 * Seasoning
盐 ··········· 1/2小匙
鸡粉 ··········· 1/4小匙
糖 ··········· 少许
乌醋 ··········· 1小匙

做法 * Recipe
1. 香菇泡软后洗净、切丝；虾米洗净；胡萝卜洗净、切丝；圆白菜洗净、切丝备用。
2. 热一油锅，倒入2大匙色拉油烧热，放入红葱头末以小火爆香至微焦后，加入香菇丝、虾米及肉丝一起炒至肉丝变色。
3. 锅内放入胡萝卜丝、圆白菜丝炒至微软后，再加入所有调味料和高汤煮至滚。
4. 锅内加入油面和芹菜末一起拌炒至汤汁收干即可。

318 家常炒面

材料 ＊ Ingredient
鸡蛋面 ·········· 150克
洋葱丝 ·········· 20克
胡萝卜丝 ·········· 10克
猪肉末 ·········· 50克
油葱酥 ·········· 10克
小白菜 ·········· 50克

调味料 ＊ Seasoning
酱油 ·········· 1/2小匙
白胡椒粉 ····· 1/2小匙

做法 ＊ Recipe
1. 取锅，加入少许盐（分量外）于煮滚的沸水中，将面条放入锅中，用筷子一边搅拌至滚沸。
2. 加入100毫升的冷水煮至再次滚沸，再重复前述动作加2次100毫升的冷水，将煮好的面捞起来沥干，加入少许油拌匀，防止面条粘住。
3. 取锅，加入少许油烧热，放入洋葱丝、胡萝卜丝、油葱酥和猪肉末炒香。
4. 加入少许水，放入煮熟的面条快速拌炒，盖上锅盖焖煮至汤汁略收干，起锅前加入小白菜，略翻炒即可。

319 什锦炒面

材料 ＊ Ingredient
油面250克、猪肉丝30克、葱1根、蒜泥1/2小匙、虾仁30克、黑木耳丝20克、胡萝卜丝30克、圆白菜50克、水350毫升

调味料 ＊ Seasoning
酱油1大匙、盐1/4小匙、糖1/4小匙、胡椒粉1/2小匙、香油1/2小匙

腌料 ＊ Pickle
淀粉1/2小匙、盐1/4小匙

做法 ＊ Recipe
1. 猪肉丝放入腌料中抓匀腌10分钟；葱洗净切段，备用。
2. 取锅烧热后，加入2大匙色拉油，放入蒜泥爆香，加入腌猪肉丝、虾仁炒2分钟盛出。
3. 锅内放入油面炒2分钟，加入水、黑木耳丝、胡萝卜丝，加入所有调味料及猪肉丝与虾仁，待滚沸后盖上锅盖，以中火焖煮至汤汁略收干，加入圆白菜丝与葱段，以大火拌炒至软即可。

美味memo

加上锅盖焖烧前，要加入滚烫的热水来焖，并以中火保持沸腾状，这样不用勾芡，自然就能产生浓稠的口感，面条也会特别入味。

320 牛肉炒面

材料 * Ingredient
油面300克、牛肉片100克、鲜香菇2朵、蒜泥1/2小匙、胡萝卜片20克、油菜50克、水350毫升

调味料 * Seasoning
A 盐1/2小匙、酱油1大匙、糖1/2小匙
B 酱油1大匙、糖1/2小匙、红薯粉1大匙、米酒1/2小匙、胡椒粉1/4小匙

做法 * Recipe
1. 牛肉片洗净，放入调味料B抓匀；鲜香菇洗净切片备用。
2. 热锅，加入2大匙色拉油，放入腌牛肉片与蒜泥炒至变白，再加入油面、香菇片、胡萝卜片以中火炒3分钟。
3. 锅内加入水与调味料A，开中火保持沸滚状态，盖上锅盖焖煮2分钟，加入切段的油菜，以大火煮至汤汁收浓即可。

321 海鲜炒面

材料 * Ingredient
油面··············· 250克
蛤蜊···············6个
牡蛎··············· 50克
鱼肉··············· 50克
葱·················2根
圆白菜丝········ 30克
胡萝卜丝········ 30克
水··············350毫升

调味料 * Seasoning
盐··············· 2/3小匙
糖··············· 1/4小匙
胡椒粉······· 1/2小匙

做法 * Recipe
1. 蛤蜊吐沙洗净；牡蛎以1/2小匙盐（分量外）抓匀略腌后洗净；鱼肉洗净切片；葱洗净切3厘米小段，备用。
2. 取锅烧热后，加入1大匙色拉油，放入葱段爆香后，再放入圆白菜丝及胡萝卜丝略炒，续加入水与所有调味料。
3. 锅内放入蛤蜊、牡蛎、鱼肉与油面，以大火煮至汤汁收浓即可。

322 客家炒面

材料 * Ingredient
油面300克、猪肉片
80克、甜不辣2片、
葱2根、芹菜2根、
虾米10克、胡萝卜
丝30克、油葱酥1大
匙、水250毫升

调味料 * Seasoning
盐1小匙、酱油1小匙

腌料 * Pickle
盐1/4小匙、米酒1/2
小匙、胡椒粉1/4小
匙、淀粉1/2小匙

做法 * Recipe
1. 猪肉片放入所有腌料中腌10分钟;甜不辣切
   条;葱、芹菜洗净切段;虾米洗净,备用。
2. 取锅烧热后,加入3大匙色拉油,先将甜不辣
   条以中小火煎脆,再放入腌猪肉片炒至变白捞
   起盛出。
3. 取原锅开小火,放入油面,将面的两面煎至略
   焦后捞起盛盘备用。
4. 锅内放入葱段、芹菜段、虾米、甜不辣条与腌
   猪肉片略炒,加入水与所有调味料,放入胡萝
   卜丝、油葱酥与油面,以中火炒3分钟即可。

323 三鲜炒面

材料 * Ingredient
油面250克、鱼肉
50克、墨鱼1只、洋
葱1/4个、水300毫
升、青菜30克、虾
仁60克、黑木耳丝
适量

调味料 * Seasoning
盐1/2小匙、蚝油1大匙、
米酒1大匙、色拉油2大匙

做法 * Recipe
1. 鱼肉洗净切片;墨鱼清理洗净切花;洋葱洗净
   切丝;青菜洗净切段,备用。
2. 取锅烧热后,加入2大匙色拉油,放入洋葱丝
   与黑木耳丝略炒,加水与所有调味料,待滚后
   放入油面,盖上锅盖以中火焖煮3分钟。
3. 锅内加入鱼肉、墨鱼与虾仁,掀盖煮2分钟,
   最后放入青菜段翻炒即可。

324 沙茶羊肉炒面

材料 * Ingredient
鸡蛋面 ·········170克
羊肉片 ·········150克
空心菜 ·········100克
蒜泥 ···············5克
姜末 ···············5克
红辣椒丝 ···········5克

调味料 * Seasoning
沙茶酱 ·········2大匙
酱油膏 ·······1/2大匙
蚝油 ·········1/2大匙
盐 ·············· 少许
糖 ·············· 少许
鸡粉 ·········1/4小匙
米酒 ···········1大匙

做法 * Recipe
1. 将鸡蛋面放入开水中煮约1分钟后捞起，冲冷水至凉后捞起、沥干备用。
2. 热锅，加入2大匙色拉油，放入葱花、蒜泥和红辣椒丝爆香后，加入羊肉片炒至变色，再加入沙茶酱炒匀后盛盘。
3. 重热原锅，放入空心菜以大火炒至微软后，加入鸡蛋面、羊肉片和其余调味料，一起拌炒至入味即可。

325 猪肝炒面

材料 * Ingredient
熟面条 ·········200克
猪肝 ···········150克
韭菜花 ··········80克
蒜片 ···············5克
红辣椒片 ········10克
高汤 ·········100毫升

调味料 * Seasoning
A 酱油 ·······1/2大匙
  酱油膏 ····1/2大匙
  盐 ·············· 少许
  糖 ·········1/4小匙
  米酒 ·········1小匙
B 乌醋 ·······1/3大匙
  香油 ·········· 少许

做法 * Recipe
1. 猪肝洗净、切片；韭菜花洗净、切段，备用。
2. 热锅，倒入2大匙色拉油烧热，放入蒜片爆香后，加入红辣椒片和猪肝片快炒约2分钟。
3. 锅内加入韭菜花、调味料A、高汤和熟面条，一起拌炒均匀至面条收汁。
4. 加入调味料B，炒至均匀即可。

326 虾仁炒面

材料＊Ingredient

阳春面·········160克
虾仁·············100克
韭黄·············100克
红辣椒末········10克
蒜泥·············5克
高汤·········50毫升

调味料＊Seasoning

蚝油·········1/2大匙
盐···············少许
糖···············少许
鸡粉·············1/4匙
胡椒粉···········少许

做法＊Recipe

1. 虾仁洗净、挑去肠泥；韭黄洗净、切段备用。
2. 将阳春面条放入开水中煮约2分钟捞起，冲冷水至凉后捞起、沥干备用。
3. 热锅，放入2大匙色拉油，再放入蒜泥、红辣椒末爆香，加入虾仁炒至颜色变红。
4. 锅内加入韭黄段、高汤及所有调味料一起炒香，最后加入阳春面条一起炒匀至收汁、入味即可。

327 牡蛎炒面

材料＊Ingredient

油面300克、牡蛎150克、蒜泥1/2小匙、洋葱碎1大匙、胡萝卜丝30克、罗勒50克、水200毫升、油1大匙

调味料＊Seasoning

盐1/2小匙、蚝油1大匙、胡椒粉1/2小匙、香油1/2小匙

做法＊Recipe

1. 牡蛎加入少许盐（分量外）抓匀，冲水后洗净、备用。
2. 取锅烧热后，加入1大匙色拉油，放入蒜泥、洋葱碎爆香，加入水与所有调味料，再下油面与胡萝卜丝，以大火煮2分钟。
3. 锅内加入牡蛎，以大火煮2分钟，再加入罗勒炒1分钟即可。

328 福建炒面

材料 * Ingredient

黄油面 ········· 250克
虾仁 ············· 50克
猪肉丝 ········· 30克
葱段 ············· 20克
黑木耳丝 ······· 20克
胡萝卜丝 ······· 20克
圆白菜丝 ······· 30克
炸扁鱼末 ······ 1小匙
猪油 ··········· 1.5大匙
蒜泥 ··········· 1/2小匙
热汤 ········· 100毫升

调味料 * Seasoning

盐 ············· 1/4小匙
酱油 ············· 1大匙
糖 ··············· 1小匙
胡椒粉 ······· 1/2小匙
老抽 ············· 1大匙

做法 * Recipe

1.虾仁、猪肉丝洗净并沥干水分备用。
2.热锅，放入猪油，然后放入蒜泥、葱段、做法1的材料，以大火炒约1分钟。
3.再加入圆白菜丝、黑木耳丝、胡萝卜丝，以大火炒约2分钟后，加入炸扁鱼末及热汤拌炒均匀，继续放入黄油面以大火续炒3分钟，最后放入所有调味料一起炒1分钟即可出锅。

329 广州炒面

材料 * Ingredient

广东鸡蛋面150克、墨鱼4片、虾仁4只、叉烧肉片4片、猪肉片4片、西蓝花5朵、胡萝卜片4片、水250毫升

调味料 * Seasoning

蚝油1大匙、盐1/4小匙、水淀粉1.5小匙、色拉油3大匙

做法 * Recipe

1.将广东鸡蛋面放入开水中煮至软后捞起，加入1小匙的色拉油（分量外）拌开备用。
2.将墨鱼、虾仁、猪肉片、西蓝花及胡萝卜片分别放入沸水中汆烫后捞起，再冲冷水至凉备用。
3.热一油锅，倒入色拉油烧热，放入广东鸡蛋面以中火将两面煎至酥黄后，盛盘、沥油。
4.重热油锅，放入做法2的所有食材和叉烧肉片一起略炒至香，倒入水及所有调味料（水淀粉除外）一起拌匀煮滚。
5.锅内慢慢倒入水淀粉勾芡，再淋至面上即可。

330 什锦素炒面

材料 * Ingredient

熟拉面250克、鲜香菇20克、豆包50克、素火腿30克、大白菜80克、胡萝卜15克、芹菜30克、姜末5克、水100毫升、香油少许

调味料 * Seasoning

素蚝油1大匙、素沙茶1小匙、盐少许、糖少许、香菇精1/4小匙、胡椒粉少许

做法 * Recipe

1. 鲜香菇洗净、切丝，豆包、素火腿洗净、切丝，芹菜洗净、切段，大白菜洗净、切片，胡萝卜洗净、切丝。
2. 热锅，倒入2大匙色拉油，放入姜末爆香后，加入鲜香菇丝、素火腿丝炒香，再加入胡萝卜丝和大白菜片快炒至微软。
3. 锅内加入豆包丝、熟拉面、芹菜段、水和所有调味料一起炒匀，起锅前再滴入香油拌匀即可。

331 木耳炒面

材料 * Ingredient

宽面200克、猪肉丝100克、胡萝卜丝15克、黑木耳丝40克、姜丝5克、葱花10克、高汤60毫升

调味料 * Seasoning

A 酱油1大匙、糖1/4小匙、盐少许、陈醋1/2大匙、米酒1小匙

B 香油少许、色拉油2大匙

做法 * Recipe

1. 将一锅水煮沸后，把宽面放入开水中煮约4分钟后捞起，冲冷水至凉后捞起、沥干备用。
2. 热锅，倒入色拉油烧热，放入葱花、姜丝爆香，再加入猪肉丝炒至变色。
3. 锅内放入黑木耳丝和胡萝卜丝炒匀，再加入所有调味料A、高汤和宽面一起快炒至入味，起锅前再滴入香油拌匀即可。

332 泡菜炒面

材料 * Ingredient

鸡蛋面200克、猪肉片100克、韭菜3根、黄豆芽30克、韩式泡菜100克、洋葱碎1大匙、水300毫升

调味料 * Seasoning

酱油1大匙、糖1小匙、米酒1小匙、色拉油2大匙

腌料 * Pickle

盐1/4小匙、米酒1/2小匙、胡椒粉1/4小匙、淀粉1/2小匙

做法 * Recipe

1. 鸡蛋面入沸水煮2分钟捞出，凉后拌入少许油；猪肉片洗净加入腌料抓匀；韭菜、韩式泡菜切段，黄豆芽摘除根部洗净。
2. 热锅，倒入色拉油，放入腌猪肉片炒至白，续加入泡菜段与洋葱碎拌炒，再放入鸡蛋面炒2分钟。
3. 锅内加水、所有调味料及黄豆芽，以中火煮2分钟，加入韭菜段略炒即可。

333 炒鸡丝面

材料 * Ingredient

鸡丝面············ 100克
竹笋丝············ 20克
黑木耳丝········ 10克
胡萝卜丝········ 10克
葱段·············少许
小白菜段········ 20克
水············· 300毫升

调味料 * Seasoning

鸡粉············· 1小匙
糖············· 1/2小匙

做法 * Recipe

1. 鸡丝面放入开水中略氽烫，捞起沥干备用。
2. 取锅，加入少许油烧热，放入葱段、鸡丝面和所有调味料及水混合拌炒后，再放入竹笋丝、黑木耳丝、胡萝卜丝和小白菜段煮熟即可。

334 黑椒牛肉炒面

材料 * Ingredient

熟阳春面300克、牛肉片100克、洋葱50克、青椒30克、红甜椒30克、蒜泥1/2小匙、奶油1大匙、水200毫升

调味料 * Seasoning

蚝油1大匙、盐1/4小匙、酱油1/2小匙、糖1/2小匙、黑胡椒粉1.5小匙

做法 * Recipe

1. 牛肉片洗净后腌30分钟，洋葱、红甜椒、青椒洗净切片备用。
2. 热锅加入1大匙色拉油，放入腌牛肉片炒至变白盛出沥油。
3. 锅内放入蒜泥、奶油与洋葱片略炒，加入水及调味料（除黑胡椒粉），放入熟阳春面以中火煮3分钟，再放入青椒片、红甜椒片及黑胡椒粉，以大火炒匀即可。

335 香菇炒挂面

材料 * Ingredient

挂面100克、圆白菜80克、胡萝卜30克、虾米15克、香菇30克、葱1根、水600毫升

调味料 * Seasoning

酱油1小匙、盐1/2小匙、糖1/2小匙、胡椒粉1/2小匙、色拉油2大匙

做法 * Recipe

1. 将挂面条煮约8分钟熟后，捞起泡冷水至凉，沥干备用。
2. 圆白菜洗净切丝；胡萝卜洗净切丝；葱洗净切段；香菇洗净泡水至软，再捞起后沥干、切丝。
3. 热锅，倒入色拉油烧热，放入葱段、虾米和香菇丝略炒，再加入圆白菜丝与胡萝卜丝一起快炒均匀。
4. 锅内放入面条、所有调味料和水，一起拌炒至汤汁收干即可。

336 上海鸡丝炒面

材料 * Ingredient

鸡蛋面(细)150克、去骨鸡腿肉100克、韭黄段50克、笋丝30克、胡萝卜丝15克、姜丝10克、葱2根

调味料 * Seasoning

A 高汤120毫升、老抽1小匙、盐1小匙、鸡粉1小匙、糖1/2小匙、白胡椒粉少许
B 淀粉1小匙、水10毫升
C 酱油2小匙、香油1小匙

做法 * Recipe

1. 鸡腿肉洗净切粗丝；葱洗净切丝，备用。
2. 鸡蛋面烫熟捞起沥干，再放入烧热的油锅中，加入酱油以大火快炒至入味，盛盘备用。
3. 热油锅，小火爆香葱、姜丝，转中火，放入鸡肉丝、笋丝、胡萝卜丝快炒数下，加入调味料A以大火煮至滚，再加入韭黄段略炒，以水淀粉勾芡，起锅前滴入香油拌匀，淋在面上即可。

337 青海羊肉炒面片

材料 * Ingredient

面片···········150克
羊肉片··········100克
上海青··········60克
蒜泥···········2小匙

调味料 * Seasoning

A 辣椒酱·······2小匙
　花椒粉·········少许
B 高汤······130毫升
　酱油··········1大匙
　香醋··········2小匙
　盐··········1/2小匙
　鸡粉··········1小匙
　糖···········1小匙

做法 * Recipe

1. 上海青洗净切小段备用。
2. 热油锅，放入蒜泥及辣椒酱以小火炒香，转中火，放入羊肉片快炒数下，再放入煮熟的面片及调味料B以大火炒至汤汁收干，加入上海青段略炒后盛起，撒上花椒粉即可。

338 兰州卤汁牛肉炒面

材料 * Ingredient

拉面(宽)150克、牛肋条200克、蒜苗2根、蒜泥1小匙、姜末1小匙

调味料 * Seasoning

A 葱段2根、姜片20克、辣豆瓣酱1大匙、香料包1包、酱油150毫升、细砂糖2小匙
B 卤汁120毫升、盐1/3小匙、糖1小匙
C 辣椒酱2匙、花椒粉少许

做法 * Recipe

1. 拉面煮熟捞起沥干；牛肋条洗净切小块；蒜苗洗净切斜段。
2. 热油锅，开小火爆香调味料A的葱段及姜片，放辣豆瓣酱炒香后转中火，放入牛肋条块将表面炒熟，加入其余调味料A，以小火卤约2小时至肉块软烂。
3. 另热一油锅，放入蒜泥、姜末及辣椒酱以小火炒香，再放入调味料B及拉面以大火快炒至汤汁稍干，加入牛肋条块及蒜苗段炒匀，最后撒上花椒粉即可。

339 炒什锦泡面

材料 * Ingredient

泡面100克、金针菇10克、胡萝卜10克、猪肉20克、墨鱼20克、虾仁20克、空心菜30克、水400毫升

调味料 * Seasoning

泡面调味包2包

做法 * Recipe

1. 取锅，加水煮至滚沸，放入泡面略氽烫后捞起沥干备用。
2. 金针菇洗净切小段；胡萝卜洗净切丝；猪肉洗净切条；墨鱼洗净切条；空心菜洗净切段，备用。
3. 取锅，加入少许油烧热，放入所有调味料、水和金针菇段、胡萝卜丝、猪肉条、墨鱼条、虾仁炒香。
4. 续加入泡面炒至软化入味即可。

340 碎蛋肉末炒面

材料 * Ingredient

油面150克、鸡蛋3个、猪肉泥50克、三色豆50克、洋葱20克、黑木耳20克、小黄瓜10克、油葱酥20克、水500毫升

调味料 * Seasoning

酱油1小匙、鸡粉1大匙、胡椒粉1小匙、糖1小匙

做法 * Recipe

1. 洋葱、黑木耳洗净切碎末；小黄瓜洗净切丝；鸡蛋打匀成蛋液，备用。
2. 锅中加少许油烧热，倒入1/3蛋液，煎成薄蛋皮切丝备用。
3. 原锅中加入少许油烧热，倒入其余蛋液炒匀至收干。
4. 续放入洋葱碎、黑木耳末、猪肉泥、三色豆、油葱酥炒香，再放入油面和所有调味料和水炒入味，起锅前放入小黄瓜丝和蛋丝即可。

341 肉酱炒意面

材料 * Ingredient

意面…………170克
肉酱…………100克
韭菜…………20克
绿豆芽………25克
蒜泥…………5克

调味料 * Seasoning

淡酱油………1小匙
盐……………少许
鸡粉…………少许
色拉油………1大匙

做法 * Recipe

1. 韭菜洗净、切段，将韭菜头、尾区分；绿豆芽洗净备用。
2. 煮一锅沸水，将意面放入煮熟后捞起，冲冷水至凉后捞起、沥干备用。
3. 热锅，倒入色拉油烧热，放入蒜泥、韭菜头爆香，再加入肉酱及绿豆芽拌炒至香味溢出。
4. 锅内加入意面、韭菜尾和所有调味料（除色拉油以外），一起快速拌炒入味即可。

342 上海炒粿仔条

材料＊Ingredient

粿仔条 ·········150克
猪肉丝 ··········80克
圆白菜 ··········50克
香菇··············20克
胡萝卜 ··········20克
葱 ····················1根
水 ···········100毫升

调味料＊Seasoning

蚝油··············1小匙
糖 ·············1/4小匙
色拉油 ··········1大匙

腌料＊Pickle

淀粉··············少许
盐 ·············1/4小匙

做法＊Recipe

1. 取1个碗，将猪肉丝及所有腌料一起放入抓匀，腌渍约5分钟备用。
2. 圆白菜洗净、切丝；香菇泡水至软后，捞起切丝；胡萝卜洗净、切丝；葱洗净、切段备用。
3. 煮一锅沸水，将粿仔条放入开水中煮熟捞起，冲冷水至凉沥干备用。
4. 热锅，倒入色拉油烧热，放入猪肉丝及葱段拌炒至肉变色，再放入圆白菜丝、香菇丝、胡萝卜丝、水、所有调味料和粿仔条，炒至汤汁收干即可。

备注：粿仔条也能以粗拉面替代。

343 排骨炒粗面

材料＊Ingredient

粗拉面250克、五花排骨120克、姜片20克、葱1根、圆白菜50克、胡萝卜20克、葱段20克

调味料＊Seasoning

A 盐1小匙、酱油1/2小匙、糖1/2小匙
B 盐1/2小匙、酱油1/2小匙、糖1/4小匙、胡椒粉1/4小匙、香油1小匙

做法＊Recipe

1. 五花排骨洗净剁小块，冲水10分钟沥干，取锅加水300毫升，放入五花排骨、姜片、葱煮滚，加入调味料A煮20分钟，挑出姜、葱备用。
2. 粗拉面放入开水中烫3分钟捞出摊凉、剪短；圆白菜洗净切丝；胡萝卜去皮切丝，备用。
3. 取锅加热后，倒入1.5大匙色拉油，放入葱段及剪短的粗拉面，以大火炒2分钟，再加入圆白菜丝、胡萝卜丝、葱段及煮好的排骨与调味料B续炒，直至汤汁收干即可。

344 新疆风味炒面

材料 * Ingredient

宽面250克、羊肉片100克、洋葱30克、青椒30克、西红柿2个、芹菜3根、水200毫升

调味料 * Seasoning

番茄酱1.5大匙、盐1/2小匙、糖1小匙、胡椒粉1/4小匙

腌料 * Pickle

盐1/2小匙、米酒1/2小匙、胡椒粉1/4小匙、淀粉1/2小匙

做法 * Recipe

1. 羊肉片加入所有腌料拌匀；洋葱、青椒洗净切片；西红柿洗净切滚刀块；芹菜洗净切段，备用。
2. 取锅烧热后倒入1.5大匙色拉油，放入羊肉片炒至变白，放入洋葱片、青椒片、西红柿块略炒。
3. 锅内加水和所有调味料，放入烫熟的宽面以小火炒至汤汁略干，最后加入芹菜段拌匀即可。

345 回锅肉炒粗面

材料 * Ingredient

粗拉面250克、梅花肉120克、圆白菜30克、胡萝卜20克、青椒20克、蒜苗20克

调味料 * Seasoning

辣豆瓣酱1小匙、蚝油1小匙、酱油1/2小匙、糖1/2小匙、香油1小匙

做法 * Recipe

1. 粗拉面放入开水烫3~4分钟后捞出摊凉、剪短；梅花肉洗净放入电锅蒸10分钟，待凉切片；圆白菜洗净切片；胡萝卜洗净去皮切片；青椒洗净切条；蒜苗洗净斜切薄片，备用。
2. 取锅烧热后，倒入色拉油1.5大匙，放入蒸好的梅花肉片，炒至表面略焦，再放入圆白菜片、胡萝卜片、青椒片与蒜苗片，与剪短的粗拉面，以大火炒2分钟。
3. 锅内加入所有调味料，炒至干香收汁即可。

346 叉烧捞面

材料 * Ingredient

广东生面·········150克
叉烧肉·········30克
姜·············10克
葱·············15克
水···········150毫升

调味料 * Seasoning

蚝油·········1.5大匙
鸡粉·········1/4小匙
胡椒粉·······1/4小匙

做法 * Recipe

1. 煮一锅沸水，将广东生面放入开水中汆烫约2分钟后捞起、冲冷水至凉再沥干备用。
2. 叉烧肉切丝；姜洗净、切丝；葱洗净、切丝，备用。
3. 热锅，倒入1大匙色拉油烧热，放入姜丝爆香，再加入水、叉烧肉丝及所有调味料，一起拌炒后煮至滚。
4. 锅内放入面条一起拌炒，煮至汤汁较少后盛盘，再放上葱丝即可。

347 豉油皇捞面

材料 * Ingredient

广东生面········ 150克
洋葱丝·········· 50克
姜丝··········· 30克
葱段··········· 1根
猪肉丝········· 50克
高汤·········· 200毫升

调味料 * Seasoning

A 米酒··········少许
  生抽·········· 1小匙
  老抽········· 1/2小匙
  盐··········· 1/4小匙
  糖··········· 1/4小匙
B 胡椒粉··········少许
  色拉油····· 30毫升

做法 * Recipe

1. 将广东生面放入开水中煮20秒钟后捞出，以冷水冲凉后沥干水分。
2. 锅中倒入色拉油烧热，放入猪肉丝以中火快炒数下，再加入洋葱丝、姜丝、葱段炒匀，续加入高汤与调味料A。
3. 待煮开后，加入面条与胡椒粉，改大火再次煮开即可。

美味memo

捞面是将煮好冲凉的广式生面放到汤汁中捞几下，让面条能入味又不失去特殊口感。所以不管制作哪一种捞面，都要记得面条入锅后要以大火尽快煮开，否则面条就会失去弹性变得太软。

348 鸡肉捞面

材料 ✱ Ingredient

熟面·············150克
去骨鸡腿·········1个
香菇··············3朵
胡萝卜·········20克
上海青·········3棵
葱段·············1/2棵
高汤·········300毫升

调味料 ✱ Seasoning

米酒·············少许
盐·············1/4小匙
蚝油·············1/2小匙
水淀粉·········30毫升

做法 ✱ Recipe

1. 将熟面放入开水中烫软，沥干水分摊开。
2. 续加入去骨鸡腿烫约2分钟后捞出，再放入其他的材料略烫后泡凉。
3. 锅中倒100毫升色拉油烧热，放入面条以小火煎至两面呈金黄色，盛起沥干油分。
4. 将做法2的材料与葱段放入锅中，加入米酒以中火略炒，续加入高汤、盐及蚝油，以中火煮开后用水淀粉勾芡。
5. 将面条放入盘中，再淋上做法4的炒料即可。

349 干烧伊面

材料 ✱ Ingredient

伊面·············100克
草菇·············30克
韭黄·············30克
鳊鱼·············1片
高汤·········100毫升

调味料 ✱ Seasoning

蚝油·············1小匙
盐·············1/4小匙
白砂糖·······1/4小匙

做法 ✱ Recipe

1. 草菇洗净，烫熟后切片；韭黄洗净，切10厘米长段，备用。
2. 将伊面放入开水中烫软，捞出沥干水分，再放入热油锅中以中火将两面各煎约1分钟，盛出沥干油分，备用。
3. 将鳊鱼洗净，放入热油中炸至金黄酥脆，捞出沥干后放凉，再以刀压成粉状。
4. 锅中倒入高汤与所有调味料、鳊鱼粉，以中火煮开，再放入面条与草菇续煮至汤汁收干，最后加入韭黄拌匀即可。

350 鲜牛肉焖伊面

材料 * Ingredient

伊面1个、牛肉片100克、青菜80克、香菇3朵、洋葱丝20克、水250毫升

调味料 * Seasoning

盐1/2小匙、蚝油1.5大匙、糖1/4小匙

腌料 * Pickle

小苏打1/2小匙、酱油1大匙、盐1/4小匙、糖1/2小匙、水2大匙、淀粉1小匙、米酒1/2小匙、胡椒粉1/4小匙

做法 * Recipe

1. 伊面加入开水中烫软，捞出摊凉、剪短；牛肉片洗净，加入所有腌料拌匀腌渍30分钟；青菜洗净切3厘米段；香菇洗净切丝，备用。
2. 取锅烧热后，加入1大匙色拉油，放入腌牛肉片炒至变白盛出。
3. 锅内加入洋葱丝及香菇丝略炒，加入水及所有调味料，放入剪短的伊面，以小火煮3分钟，最后加入青菜段拌炒2分钟即可。

351 肉丝焖伊面

材料 * Ingredient

伊面1个、猪肉丝60克、韭黄40克、洋葱丝20克、绿豆芽30克、水250毫升、金针菇20克、红甜椒末1/2小匙

调味料 * Seasoning

盐1/2小匙、蚝油1.5大匙、糖1/4小匙

腌料 * Pickle

酱油1小匙、糖1/2小匙、淀粉1小匙、米酒1/2小匙、胡椒粉1/4小匙

做法 * Recipe

1. 伊面加入开水中烫软，捞出摊凉后剪短；猪肉丝加入所有腌料拌匀腌10分钟；韭黄洗净切3厘米段，备用。
2. 取锅烧热后，加入1大匙色拉油，放入腌猪肉丝炒至变白，加入洋葱丝、绿豆芽、金针菇略炒，再加入水及所有调味料。
3. 锅内放入剪短的伊面，以小火煮3分钟，最后放入韭黄段与红甜椒末拌炒均匀即可。

352 叉烧炒面

材料 * Ingredient

A 广东炒面 ……150克
B 叉烧肉片 ……120克
 上海青…………5棵
 草菇 …………60克
 水 …………15毫升

调味料 * Seasoning

A 高汤 ……250毫升
 老抽 …………2小匙
 蚝油 …………2小匙
 盐…………1/2小匙
 鸡粉 …………1小匙
 糖…………1小匙
 白胡椒粉 …… 少许
B 淀粉 …… 1.5小匙
 水…………15毫升
C 香油…………1小匙

做法 * Recipe

1. 广东炒面以沸水氽烫后捞起沥干，再放入烧热的油锅中，以小火煎至双面微焦，捞起沥干油分后盛盘，用筷子摊开备用。
2. 调味料B调匀成水淀粉备用。
3. 另热一油锅，放入材料B以中火快炒数下，加入调味料A以大火煮至滚，再以水淀粉勾芡，起锅前滴入香油拌匀，盛起淋在面上即可。

353 火腿鸡丝炒面

材料 * Ingredient

公仔面2个、鸡腿肉80克、洋葱30克、火腿2片、韭菜3根

调味料 * Seasoning

蚝油1大匙、盐1/4小匙、糖1/2小匙

腌料 * Pickle

盐1/4小匙、淀粉1/2小匙、米酒1/2小匙、胡椒粉1/4小匙

做法 * Recipe

1. 公仔面加入开水中烫3分钟，捞出摊凉、剪短；鸡腿肉洗净切丝加入腌料抓匀静置10分钟；洋葱、火腿切丝；韭菜洗净切段，备用。
2. 取锅烧热后，加入1大匙色拉油，放入腌鸡肉丝炒至变白，再放入洋葱丝、火腿丝及所有调味料。
3. 锅内放入剪短的公仔面条，以小火拌炒2分钟，最后加入韭菜段拌炒数下即可。

354 干炒意面

材料＊Ingredient

意大利长面⋯⋯150克
火腿片⋯⋯⋯⋯2片
洋葱⋯⋯⋯⋯1/4个
绿豆芽⋯⋯⋯30克
韭黄⋯⋯⋯⋯20克
水⋯⋯⋯⋯50毫升

调味料＊Seasoning

酱油⋯⋯⋯⋯1小匙
蚝油⋯⋯⋯1/2小匙
盐⋯⋯⋯⋯1/4小匙
糖⋯⋯⋯⋯1/4小匙
胡椒粉⋯⋯1/4小匙
色拉油⋯⋯⋯1大匙

做法＊Recipe

1. 煮一锅沸水，将意大利长面放入开水中煮约12分钟后捞起，加入1小匙的色拉油（分量外）拌开备用。
2. 洋葱洗净、切丝；火腿片切丝；韭黄洗净、切段，备用。
3. 热锅，倒入色拉油烧热，放入洋葱丝以小火炒2分钟至软。
4. 锅内加入水、所有调味料、火腿丝及意大利长面，以中火快炒均匀至面条散开，再放入豆芽及韭黄段拌炒至汤汁收干即可。

355 干炒牛肉意面

材料＊Ingredient

意大利长面⋯⋯100克
洋葱⋯⋯⋯⋯50克
韭黄段⋯⋯⋯30克
绿豆芽⋯⋯⋯30克
牛肉丝⋯⋯⋯100克

调味料＊Seasoning

蚝油⋯⋯⋯⋯1小匙
生抽⋯⋯⋯⋯1小匙
糖⋯⋯⋯⋯1/2小匙
老抽⋯⋯⋯1/4小匙
色拉油⋯⋯⋯30毫升

做法＊Recipe

1. 将意大利长面放入开水中，加入少许盐煮约12分钟至熟，捞出沥干水分，拌入少许油，摊开放凉（或吹凉）。
2. 锅中倒入色拉油烧热，放入牛肉丝、洋葱以大火略炒，至有香味散出时加入意大利面。
3. 续炒约2分钟后加入绿豆芽与所有调味料再炒约1分钟，最后加入韭黄段拌匀即可。

美味memo

意大利面的香味虽没有广式面香，但口感更有弹性，做成广式风味炒面别有一番风味。搭配蔬菜除了洋葱外，都可以随性替换，想要颜色丰富一点，不妨选择洋味更重的彩椒。

356 茄汁面疙瘩

材料 * Ingredient

面疙瘩200克、鸡胸肉150克、洋葱碎100克、红甜椒50克、甜豆荚50克、蒜泥10克、高汤80克

调味料 * Seasoning

番茄酱2大匙、淡酱油少许、盐少许、鸡粉1/4小匙、糖1/2小匙、香油少许

做法 * Recipe

1. 鸡胸肉、红甜椒洗净切片；甜豆荚洗净去头尾后对切，备用。
2. 将面疙瘩放入开水中煮约5分钟后捞起、沥干，再拌入少许香油。
3. 热锅，加入2大匙色拉油，放入蒜泥、洋葱碎炒香，加入鸡胸肉片炒至变色。
4. 锅内加入红甜椒片、甜豆荚、面疙瘩和所有调味料、高汤一起快炒均匀，至面疙瘩收汁即可。

357 回锅面片

材料 * Ingredient

熟五花肉 ········· 80克
熟面片(面疙瘩)200克
蒜苗 ············· 20克
黑木耳 ··········· 20克
青椒 ············· 15克
圆白菜 ··········· 50克
胡萝卜片 ········· 15克
蒜泥 ·············· 3克
水 ·············· 1/4碗

调味料 * Seasoning

酱油 ··········· 1.5小匙
糖 ············· 1/2小匙
辣豆瓣酱 ········ 1大匙

做法 * Recipe

1. 熟五花肉切长方薄片；圆白菜、黑木耳、青椒洗净沥干水分，切小片；蒜苗洗净切2厘米段，备用。
2. 热锅，倒入1大匙色拉油，再放入五花肉片，以小火炒至表面金黄。
3. 加入圆白菜、黑木耳、青椒片、蒜苗段及蒜泥、胡萝卜片，以大火炒约1分钟，再放入熟面片以中火炒约3分钟。
4. 加入所有调味料及水，以中火炒至汤汁收干即可。

358 什锦炒猫耳朵

材料＊Ingredient

面团200克、猪肉泥50克、绿豆芽20克、葱段10克、香菇2朵、圆白菜丝30克、胡萝卜丝15克

调味料＊Seasoning

盐1/4小匙、糖1/2小匙、蚝油1.5小匙、色拉油1大匙

做法＊Recipe

1. 将面团搓揉成长条，切粒后用拇指压成猫耳朵状。
2. 煮一锅水至滚沸，放入猫耳朵煮约2分钟至熟透浮起，捞出冲冷水后沥干水分备用；香菇洗净切丝，备用。
3. 热锅倒入色拉油，放入葱段炒香，依序放入猪肉泥、圆白菜丝、香菇丝、胡萝卜丝以及绿豆芽，炒软后加入所有调味料和猫耳朵，以大火拌炒约3分钟即可。

面团

材 料：中筋面粉600克、冷水280毫升、盐10克
做 法：

将中筋面粉和盐倒入盆中，将冷水分次倒入盆中拌匀成团，取出于桌上搓揉至表面光滑，覆上保鲜膜约15分钟后，再搓揉至光滑洁白。

359 芥蓝鱼片炒面

材料＊Ingredient

A 广东炒面150克、鱼肉片200克、姜片20克、葱2根
B 芥蓝菜6棵、草菇60克、笋片30克、胡萝卜片30克

调味料＊Seasoning

A 淀粉1小匙、蛋清1/2个、盐少许
B 高汤250毫升、盐1小匙、鸡粉1小匙、糖1/2小匙、白胡椒粉少许
C 香油1小匙
D 淀粉1.5小匙、水15毫升

做法＊Recipe

1. 广东炒面以沸水汆烫后捞起沥干，再放入烧热的油锅中，以小火煎至双面微焦时，捞起沥干油分后盛盘，用筷子摊开备用。
2. 鱼肉片洗净，以调味料A抓拌均匀；葱洗净切段；调味料D调匀成水淀粉备用。
3. 取一锅，放入能淹过鱼片高度的油量，以中火烧热，放入鱼片稍微过油后即捞起，沥干油分备用。
4. 另起一锅，以小火爆香姜片、葱段，转中火，再放入材料B快炒数下，加入调味料B以大火煮至滚，再加入鱼片并以水淀粉勾芡，起锅前滴入香油拌匀，盛起淋在面上即可。

360 麻酱凉面

材料 * Ingredient

熟凉面 ·········150克
小黄瓜 ···········1根
胡萝卜 ··········1/4个
(约50克)
凉开水 ········60毫升

调味料 * Seasoning

盐 ············1/4小匙
白醋·········1.5小匙
乌醋·········1.5小匙
酱油···········1小匙
香油···········1小匙
蒜泥············2克
芝麻酱 ·········2大匙
花生酱 ·········2小匙

做法 * Recipe

1. 小黄瓜、胡萝卜洗净切
   丝后，冲水复脆、沥
   干水分备用。
2. 芝麻酱加花生酱用
   凉开水拌匀，再加入
   蒜泥及其余调味料拌匀
   成麻酱备用。
3. 将凉面条放入盘中，再放上做法1的材料，淋
   上麻酱即可。

361 花生麻酱凉面

材料 * Ingredient

细拉面250克、小黄
瓜1/2根、胡萝卜20
克、油炸花生20克

调味料 * Seasoning

水30毫升、芝麻酱1/2
小匙、花生酱1/2小匙、
白醋1小匙、酱油1小
匙、糖1/2小匙、盐1/4
小匙、蒜泥1/2小匙

做法 * Recipe

1. 取汤锅，待水滚沸后，将细拉面放入余烫至熟
   捞起沥干。
2. 芝麻酱加水均匀调开，倒入其余调味料调匀即
   为花生芝麻酱。
3. 取盘，放上细拉面并倒上少许油拌匀，且一边
   将面条以筷子拉起吹凉。
4. 小黄瓜、胡萝卜（去皮）皆洗净后切丝，分别
   浸泡入凉开水中备用。
5. 油炸花生剥去外层薄膜，用刀背碾碎放置碗中。
6. 取盘，将面条置于盘中，再排放做法4的材
   料、淋上花生芝麻酱，撒上花生碎即可。

362 传统凉面

材料 * Ingredient
油面············ 300克
鸡胸肉········ 200克
胡萝卜········100克
小黄瓜········100克
水············300毫升

调味料 * Seasoning
A 芝麻酱········· 适量
　鸡汤汁········· 适量
　蒜泥··········10克
B 米酒··········1大匙
　盐··········1小匙

做法 * Recipe
1. 鸡胸肉洗净，并用沸水汆烫后捞起，加调味料B及水拌匀放入电锅内锅；在外锅放200毫升的水，蒸煮到电锅开关跳起，再焖10分钟取出，待冷却后切丝备用。
2. 胡萝卜、小黄瓜洗净切丝、备用。
3. 油面放入沸水中汆烫，捞起沥干盛盘，接着放入鸡肉丝和胡萝卜丝、小黄瓜丝，再加入调味料A，食用时拌均匀即可。

363 蒜泥传统凉面

材料 * Ingredient
油面············ 250克
绿豆芽···········15克
小黄瓜··········1/2个
葱花············ 适量
水············30毫升

调味料 * Seasoning
酱油膏··········1小匙
盐··········1/4匙
味精··········1/4匙
糖··········1/4匙
蒜泥··········1/2小匙

做法 * Recipe
1. 取汤锅，待水滚沸后将油面放入汆烫，即可捞起，再冲泡冷水后沥干。
2. 取盘，放上油面并倒上少许油拌匀，且一边将面条拉起吹凉。
3. 将所有调味料和水放入碗中，搅拌均匀即为蒜泥酱。
4. 将小黄瓜洗净切丝；绿豆芽洗净汆烫后，过冷水至凉，即可捞起沥干备用。
5. 取盘，将油面置于盘中，再放上做法4的材料，淋上拌匀的蒜泥酱汁，并撒上葱花即可。

364 四川麻辣凉面

材料 * Ingredient

熟凉面 ………… 150克
蛋丝 ………… 20克
小黄瓜 ………… 1个
胡萝卜(约50克)1/4个
熟鸡胸肉 ……… 50克
凉开水 ……… 75毫升

调味料 * Seasoning

盐 ………… 1/4小匙
辣油 ………… 1小匙
蒜泥 ………… 2克
酱油 ………… 1大匙
芝麻酱 ……… 1大匙
花生酱 ……… 2小匙
花椒油 ……… 1/2小匙
镇江香醋 ……… 1大匙

做法 * Recipe

1. 小黄瓜、胡萝卜洗净切丝，再冲水复脆后，沥干水分备用。
2. 熟鸡胸肉撕成鸡丝；芝麻酱加花生酱用凉开水拌开，加入蒜泥及其余调味料拌匀成四川麻辣酱，备用。
3. 将凉面条盛入盘中，放入做法1的材料、鸡丝及蛋丝，再淋上四川麻辣酱即可。

365 沙茶凉面

材料 * Ingredient

熟凉面 ………… 150克
小黄瓜丝 ……… 50克
胡萝卜丝 ……… 50克
火腿片 ………… 1片
水 ………… 75毫升

调味料 * Seasoning

盐 ………… 1/8小匙
蒜泥 ………… 5克
蚝油 ………… 1大匙
酱油 ………… 1小匙
鸡粉 ………… 1/4小匙
红辣椒末 ……… 5克
沙茶酱 ……… 2大匙
糖 ………… 1/2小匙
水淀粉 ……… 1小匙

做法 * Recipe

1. 小黄瓜丝、胡萝卜丝冲水复脆沥干水分；火腿切丝，备用。
2. 热锅，放入1.5小匙色拉油，加入蒜泥、红辣椒末以小火略炒，加入水及所有调味料以小火煮滚。
3. 加水淀粉勾芡，放凉后即成沙茶凉面酱。
4. 面盛入盘中，放入做法1的材料，再淋上沙茶凉面酱即可。

366 肉丝凉面

材料＊Ingredient
油面250克、猪肉丝
200克、绿豆芽20克

调味料＊Seasoning
芝麻酱2大匙、色拉油1
大匙

做法＊Recipe
1. 热锅，倒入色拉油后放入猪肉丝，炒约3分钟
   至熟。
2. 取一汤锅，待水滚沸后，即将油面放入氽烫即
   可捞起，再冲泡冷水后沥干。
3. 取一盘，放上油面并倒上少许油拌匀，且一边
   将面条拉起吹凉。
4. 将绿豆芽洗净氽烫后，泡冷水至凉，即可捞起
   沥干备用。
5. 取一盘，将油面置于盘中，再铺上绿豆芽，放
   上猪肉丝，最后均匀淋上芝麻酱即可。

美味memo

　　绿豆芽在氽烫时，可在水中加一些姜汁和
米酒，就不怕会有豆腥味。鲜度佳的绿豆芽，
根茎部分偏白具光泽，而绿豆芽则以未开为上
等，保存时放入塑料袋内封好，再放入冰箱中
冷藏即可。

367 酸奶青蔬凉面

材料＊Ingredient
熟面‥‥‥‥‥ 200克
西蓝花‥‥‥‥‥ 50克
芦笋‥‥‥‥‥‥ 30克

调味料＊Seasoning
原味酸奶‥‥‥ 100毫升
蛋黄酱‥‥‥‥‥ 50克
水果醋‥‥‥‥‥1小匙
盐‥‥‥‥‥‥ 1/4小匙
糖‥‥‥‥‥‥ 1/2小匙

做法＊Recipe
1. 西蓝花洗净切小块；芦笋洗净切段，备用。
2. 取一汤锅，倒入适量的水煮至滚沸，分别将西
   蓝花、芦笋段放入锅中氽烫约30秒，取出泡
   凉开水至冷却备用。
3. 取一碗，放入所有调味料混合搅拌均匀，再加
   入西蓝花、芦笋段拌匀，即为酸奶青蔬酱。
4. 食用前直接将酸奶青蔬酱淋在熟面上即可。

368 桂花山药凉面

材料 * Ingredient
熟面············· 200克
山药·············150克
桂花酱···········1大匙
凉开水·······100毫升

调味料 * Seasoning
盐············· 1/2小匙
白醋··············1小匙

做法 * Recipe

1. 取一汤锅，倒入适量的水煮至滚沸，放入山药以小火煮约20分钟，取出放凉。
2. 将山药去皮、切小块，放入食物调理机中，倒入凉开水搅打呈泥状。
3. 取一碗，倒入山药泥，加入桂花酱及所有的调味料拌匀，即为桂花山药酱。
4. 食用前直接将桂花山药酱淋在熟面上，再加上个人喜好的配料即可。

369 腰果凉面

材料 * Ingredient
熟面············· 200克
腰果············· 80克
枸杞子··········· 20克
花生酱··········· 20克
凉开水········ 40毫升

调味料 * Seasoning
盐············· 1/2小匙
糖··················1大匙
白醋··············1大匙

做法 * Recipe

1. 腰果洗净，泡热水中约15分钟，取出放入150℃的烤箱中烤约20分钟，取出待凉备用。
2. 将枸杞子泡凉开水约10分钟后，沥干切碎备用。
3. 将腰果放入食物调理机中，倒入20毫升凉开水搅打呈泥状备用。
4. 取一碗，先将花生酱加20毫升的凉开水调开，加入腰果泥和所有调味料，再加入碎枸杞子搅拌均匀，即为腰果枸杞子酱。
5. 食用前直接将腰果枸杞子酱淋在熟面上，再加上个人喜爱的配料即可。

370 柚香凉面

材料＊Ingredient

抹茶面80克、苜蓿芽20克

调味料＊Seasoning

A 水100毫升、味醂1小匙、柴鱼片1大匙、米酒10毫升、糖1/2小匙、酱油1小匙、姜10克

B 糖1小匙、橄榄油1大匙、柠檬汁少许、葡萄柚汁50毫升

做法＊Recipe

1. 抹茶面烫熟后捞起，浸泡冰水中至冷，捞起沥干备用。
2. 将苜蓿芽用冷水洗净后捞起沥干。
3. 所有调味料A混合煮10分钟，静置5分钟后将柴鱼片捞除放凉，加入调味料B拌匀即为柚香沙拉酱。
4. 取一盘，将抹茶面置于盘中，放上苜蓿芽，淋上柚香沙拉酱即可。

371 红薯蜂蜜酱凉面

材料＊Ingredient

熟面…………… 200克
红薯…………… 200克
凉开水……… 100毫升

调味料＊Seasoning

蜂蜜……………… 30克
盐………………1小匙
水果醋………1小匙

做法＊Recipe

1. 将红薯洗净去皮，用电锅蒸约30分钟至熟。
2. 将蒸熟的红薯放入食物调理机中，再倒入凉开水搅打呈泥状。
3. 取一碗，倒入红薯泥，加入所有调味料搅拌均匀，即为红薯蜂蜜酱。
4. 食用前直接将红薯蜂蜜酱淋在熟面上，再加上个人喜爱的配料即可。

372 鲜果酱凉面

材料＊Ingredient

熟面…………… 200克
菠萝……………… 50克
芒果……………… 50克
甜瓜……………… 30克
苹果……………… 30克

调味料＊Seasoning

蛋黄酱………… 2大匙
蜂蜜……………… 1大匙
水果醋………… 2大匙
盐…………… 1/4小匙

做法＊Recipe

1. 将所有的水果去皮，放入食物调理机中，再加入蜂蜜、水果醋、盐搅打成果汁。
2. 取一碗，倒入果汁，再加入蛋黄酱一起调匀，即为鲜果酱。
3. 取一盘，放入熟面，淋上鲜果酱，再加上个人喜爱的配料即可。

373 牡蛎面线

材料 ＊Ingredient

A 牡蛎150克、红薯
  粉适量
B 卤好的猪大肠200
  克、高汤1200毫
  升、红面线120
  克、香菜少许

调味料 ＊Seasoning

A 淀粉2大匙、水3大匙
B 柴鱼片10克、红葱酥
  10克、酱油2小匙、
  鸡粉1/4小匙、糖1/4
  小匙、乌醋适量、胡
  椒粉适量

做法 ＊Recipe

1. 将猪大肠洗净切小段备用。
2. 将每个牡蛎清洗干净后，外层裹上少许红薯粉
   后，放入开水中汆烫至外层凝固时，捞起备用。
3. 红面线先泡冷水10分钟以去除咸味，沥干捞
   起切成小段；调味料A调成水淀粉备用。
4. 取一汤锅，先倒入高汤，再放入柴鱼片及红面
   线略煮一下，加入红葱酥、酱油、鸡粉、糖煮
   至汤汁微滚时转小火，一边倒入水淀粉，边用
   汤勺搅拌的方式勾芡。
5. 放入猪大肠及牡蛎，食用时依个人喜好再加入
   乌醋、香菜、胡椒粉即可。

374 鸡丝面

材料 ＊Ingredient

鸡丝面··········100克
鸡蛋···············1个
茼蒿菜 ·········40克
高汤·········300毫升
油葱酥···········少许

调味料 ＊Seasoning

盐·················少许
鸡粉···············少许
胡椒粉·············少许

做法 ＊Recipe

1. 把茼蒿菜洗净；取一碗加入约5毫升的开水，
   打入鸡蛋，取一有开水的锅，加入少许盐（分
   量外），倒入该碗鸡蛋，以小火煮1~2分钟
   成蛋包，备用。
2. 把鸡丝面与茼蒿菜放入开水中汆烫一下，捞出
   后放入面碗中，再加入蛋包。
3. 把高汤煮滚，加入所有调味料拌匀，接着放入
   面碗中，最后加上油葱酥即可。

美味memo

鸡丝面也是由红面线制作的，两者最大的
不同在于鸡丝面经过油炸，所以有点脆脆的。

375 猪脚面线

材料 ＊ Ingredient

花生猪脚（已卤好）1/2只
白面线 ……………… 30克
高汤 ……………… 3000毫升
卤汁 ……………… 少许
三色蔬菜 ……………… 适量
香菜 ……………… 适量

做法 ＊ Recipe

1. 将白面线放入蒸笼中蒸约10分钟，取出以开水汆烫一下即捞起；高汤煮至滚沸备用。
2. 取一大碗，先放入白面线，再注入高汤，最后再将卤好的花生猪脚连同些许卤汁一起倒入碗中，食用前撒些香菜及已汆烫熟的三色蔬菜即可。

美味memo

在卤猪脚时，一定要小火慢卤，这样卤出来的猪脚才会好吃。

376 麻油鸡面线

材料 ＊ Ingredient

面线 ……………… 100克
土鸡腿 ……………… 1个
去皮老姜 ……………… 60克
米酒 ……………… 300毫升
枸杞子 ……………… 1小匙
胡麻油 ……………… 1大匙
水 ……………… 300毫升

调味料 ＊ Seasoning

盐 ……………… 1/4小匙

做法 ＊ Recipe

1. 土鸡腿洗净剁小块；老姜洗净沥干水分，切条状，备用。
2. 将土鸡腿块放入开水中汆烫，捞起沥干水分备用。
3. 热锅，放入胡麻油与去皮老姜条，以小火爆炒约1分钟，再放入土鸡腿块以小火炒约3分钟。
4. 加入米酒、水、枸杞子一起煮约10分钟，再加入盐一起煮滚。
5. 水滚后放入面线煮约1.5分钟，捞出盛入碗中，加入做法4的汤料即可。

377 当归鸭面线

材料 ＊ Ingredient

A 鸭肉 ……… 900克
　红面线 …… 200克
　水 ……… 900毫升
　姜片 ……… 15克
B 党参 ……… 10克
　黄芪 ……… 18克
　川芎 ……… 8克
　黑枣 ……… 5颗
　熟地黄 ……… 1片
　枸杞子 …… 15克
　炙甘草 ……… 6克
　当归 ……… 10克
　桂皮 ……… 5克
　桂枝 ……… 5克

调味料 ＊ Seasoning

米酒 ……… 400毫升
盐 ……… 少许

做法 ＊ Recipe

1. 把鸭肉剁大块，放入开水中氽烫约2分钟，捞出冲冷水、洗净，备用。
2. 把所有中药材洗净，桂皮拍碎，备用。
3. 将鸭肉块放入砂锅中，接着放入做法2的所有药材与姜片，再加入水与米酒煮滚，转小火并盖上锅盖再煮约1小时。
4. 把红面线放入开水中煮约5分钟，捞出沥干水分放入碗中，放入少许盐调味后再加入适量鸭肉块与汤汁即可。

378 苦茶油面线

材料 ＊ Ingredient

白面线 ……… 350克
圆白菜 ……… 100克
胡萝卜丝 …… 15克
姜末 ……… 10克
苦茶油 ……… 3大匙

调味料 ＊ Seasoning

盐 ……… 少许

做法 ＊ Recipe

1. 圆白菜洗净切丝，备用。
2. 烧一锅滚沸的水，将白面线、胡萝卜丝及圆白菜丝分别放入开水中氽烫约2分钟，捞出备用。
3. 热油锅，放入2大匙苦茶油烧热，以小火爆香姜末后熄火，放入胡萝卜丝、圆白菜丝及白面线中，最后放入少许盐调味，拌匀盛盘即可。

379 丝瓜面线

材料＊Ingredient

白面线300克、丝瓜约500克、新鲜香菇2朵、姜20克、银鱼20克、红辣椒1个、高汤800毫升

调味料＊Seasoning

盐适量、色拉油2大匙

做法＊Recipe

1. 丝瓜去皮洗净切片；新鲜香菇、姜洗净切丝；红辣椒洗净切圆片，备用。
2. 白面线放入沸水中氽烫约1分钟，捞出放入冷水中浸泡至冷却，捞出沥干水分备用。
3. 热油锅，放2大匙色拉油烧热，以小火爆香姜丝，再放入丝瓜片及红辣椒片拌炒数下。
4. 锅中加入高汤煮至滚沸，放入调味料、白面线及银鱼拌煮均匀即可。

380 潮州三宝炒面线

材料＊Ingredient

炸面线1片、鲷鱼片60克、鲜虾2只、猪肉片40克、姜丝10克、西蓝花50克、脆酥粉适量、萝卜干适量、潮州咸菜适量

调味料＊Seasoning

A 高汤150毫升、老抽1小匙、鱼露1大匙
B 盐1/4小匙、鸡粉1小匙
C 白胡椒粉适量

做法＊Recipe

1. 炸面线氽烫，捞起沥干；鲜虾洗净，略微氽烫，留虾尾，其余虾壳剥除；猪肉片氽烫；西蓝花切小朵，氽烫捞起沥干。
2. 鲷鱼片以调味料B抓匀入味，外层沾裹一层脆酥粉后，下油锅炸酥后捞起沥干油分备用。
3. 热油锅以小火爆香姜丝，放入鲜虾、猪肉片，以中火略炒，放入调味料A拌匀，放入面线以中火炒至汤汁稍干，加西蓝花、潮州咸菜、萝卜炒匀，放上鲷鱼片即可。

381 厦门炒面线

材料＊Ingredient

炸面线1片、猪肉丝60克、葱2根、虾仁50克、笋丝50克、香菇20克、韭黄段50克、虾粉2匙

调味料＊Seasoning

A 高汤150毫升、盐1小匙、鸡粉1小匙、糖1/2小匙
B 香油少许

做法＊Recipe

1. 炸面线以开水氽烫后，捞起沥干水分；葱洗净切细丝；香菇泡冷水约10分钟，再切成丝备用。
2. 热油锅，以小火爆香葱丝，放入猪肉丝、虾仁、笋丝、香菇丝略炒一下后，放入调味料A煮至滚时，放入面线以中火炒至汤汁稍干时，加入韭黄略微拌炒一下，起锅前滴入香油、撒上虾粉即可。

382 台式炒米粉

材料 * Ingredient

干米粉（中细）200克、猪肉丝100克、红葱头末10克、香菇3朵、虾米15克、胡萝卜丝15克、圆白菜150克、芹菜末20克、高汤120毫升

调味料 * Seasoning

A 盐1/4小匙、糖少许、鸡粉1/4小匙、酱油1.5大匙、米酒少许、乌醋1/2大匙、白胡椒粉少许

B 香油少许

做法 * Recipe

1. 干米粉放入沸水中氽烫约1分钟，捞起沥干放入干锅中，盖上锅盖焖5分钟使米粉更有弹性，备用。
2. 香菇泡软切丝；虾米泡软；圆白菜洗净切粗丝，备用。
3. 热锅，倒入2大匙色拉油，放入红葱头末爆香，再放入香菇丝、虾米、猪肉丝炒约1分钟。
4. 放入胡萝卜丝、圆白菜丝炒至微软，加入高汤煮沸，放入米粉及调味料A以小火拌炒均匀，最后加入芹菜末与香油即可。

383 南瓜炒米粉

材料 * Ingredient

干米粉（中细）200克、南瓜200克、鲜香菇3朵、葱1根、猪肉丝100克、虾米15克、高汤200毫升

调味料 * Seasoning

盐1/2小匙、鸡粉1/2小匙、胡椒粉少许、香油1小匙

做法 * Recipe

1. 干米粉放入沸水中氽烫约1分钟，捞起沥干，放入干锅中，盖上锅盖焖10分钟备用。
2. 南瓜去皮、去籽、切丝；鲜香菇洗净切丝；葱洗净切段，区分葱白与葱尾；虾米泡软，备用。
3. 热锅，倒入3大匙色拉油，放入葱白爆香，加入鲜香菇丝、虾米、猪肉丝炒至肉丝颜色变白。
4. 再加入南瓜丝炒一下，倒入高汤焖煮至南瓜微软，放入米粉、所有调味料、葱尾拌炒均匀至入味即可。

384 粗米粉汤

材料 ＊ Ingredient
粗米粉300克、猪板油150克、红葱头末50克、虾皮15克、芹菜末20克、油豆腐3块、葱花适量、高汤1500毫升

调味料 ＊ Seasoning
盐1小匙、鸡粉1小匙、冰糖1小匙、酱油膏适量、白胡椒粉少许

做法 ＊ Recipe
1. 粗米粉放入沸水中煮约5分钟，捞出备用。
2. 猪板油切小块放入热锅中，以小火爆炒出油，再将油渣捞除（油保留）。
3. 锅中放入红葱头末爆香至微干，加入虾皮炒至金黄色，取出葱油虾皮备用。
4. 将高汤煮沸后，放入粗米粉再次煮沸后，盖上锅盖转小火煮约15分钟，加入盐、鸡粉、冰糖、油豆腐、少许葱油虾皮，续煮约15分钟。
5. 将油豆腐盛盘，再加入葱花、酱油膏，其余材料盛入碗中，加入芹菜末、少许葱油虾皮及白胡椒粉即可。

385 家常香芋米粉

材料 ＊ Ingredient
埔里米粉········150克
芋头··········· 200克
葱 ················2根
香菇················3朵
虾米············ 30克
猪肉丝 ········100克
高汤········ 1000毫升

调味料 ＊ Seasoning
盐 ················1小匙
鸡粉··············1小匙
白胡椒粉····· 1/2小匙

做法 ＊ Recipe
1. 埔里米粉放入沸水中煮约4分钟，捞出沥干备用。
2. 芋头去皮洗净切块，放入热油锅中以160℃炸熟，捞出沥油备用。
3. 葱洗净切段；香菇泡软切丝；虾米泡软，备用。
4. 热锅，倒入2大匙色拉油，放入葱段爆香，再放入香菇丝、虾米及猪肉丝炒香。
5. 加入高汤煮至沸腾，再加入米粉、芋头煮沸后，加入所有调味料并盖上锅盖以小火煮约6分钟即可。

386 旗鱼米粉汤

材料 ✱ Ingredient

新鲜米粉（中细）
·············· 200克
旗鱼············150克
蒜苗·············1根
蒜泥············10克
芹菜末·········10克
油葱酥··········适量
高汤········800毫升

调味料 ✱ Seasoning

A 盐··············1小匙
　柴鱼粉········1小匙
　冰糖··········少许
　米酒·······1/2小匙
　乌醋··········少许
B 白胡椒粉······少许

做法 ✱ Recipe

1. 新鲜米粉放入沸水中煮约1分钟捞出沥干；蒜苗洗净切段；旗鱼洗净切片，备用。
2. 热锅，倒入1大匙油，爆香蒜泥，加入高汤煮至沸腾，加入米粉煮约2分钟。
3. 加入调味料A、旗鱼片、蒜苗段再煮沸后，盛入碗中，加入芹菜末、油葱酥与白胡椒粉即可。

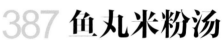

387 鱼丸米粉汤

材料 ✱ Ingredient

埔里米粉········150克
鱼丸·············8个
柴鱼片··········10克
芹菜末··········15克
油葱酥··········适量
香菜············适量
高汤········800毫升

调味料 ✱ Seasoning

盐··············1小匙
鸡粉············1小匙
白胡椒粉········少许

做法 ✱ Recipe

1. 埔里米粉放入沸水中煮约6分钟，捞出沥干备用。
2. 柴鱼片放入高汤中煮沸后再煮1分钟，捞出柴鱼片，放入米粉、盐、鸡粉再煮3分钟。
3. 再加入鱼丸煮约2分钟，盛入碗中，加入芹菜末、香菜、白胡椒粉及油葱酥即可。

388 客家干粄条

材料 ＊ Ingredient

粄条 ············ 250克
猪瘦肉 ········· 80克
香菇 ············· 2朵
虾米 ············ 20克
韭菜 ············ 20克
红葱头末 ······ 10克
绿豆芽 ········· 20克

调味料 ＊ Seasoning

酱油膏 ········ 1/2大匙
盐 ············· 少许
鸡粉 ·········· 1/4小匙
高汤 ··········· 1小匙

做法 ＊ Recipe

1. 粄条切条状；猪瘦肉洗净切丁；香菇泡软后切丁；虾米泡软；韭菜洗净、切段，区分头尾；绿豆芽去头尾洗净，备用。
2. 热锅，倒入2大匙色拉油，爆香红葱头末，加入香菇丁、虾米、韭菜头、猪瘦肉丁，炒至肉丁颜色变白。
3. 加入粄条、绿豆芽继续拌炒均匀，最后加入所有调味料与韭菜尾拌炒入味即可。

389 客家粄条汤

材料 ＊ Ingredient

粄条 ············ 200克
小白菜 ········· 30克
香菇 ············· 2朵
虾米 ············ 15克
红葱头末 ······ 10克
猪肉丝 ········· 70克
高汤 ·········· 450毫升
葱花 ············ 10克
香菜 ············ 适量

调味料 ＊ Seasoning

A 淡酱油 ····· 1/2小匙
　 盐 ············· 少许
　 糖 ············· 少许
　 白胡椒粉 ····· 少许
B 盐 ············· 少许
　 鸡粉 ·········· 少许

做法 ＊ Recipe

1. 粄条切条；小白菜洗净切小段；香菇泡软切丝；虾米泡软，备用。
2. 热锅，倒入2大匙油，放入红葱头末爆香，加入香菇丝、虾米及猪肉丝，炒至肉丝变白，加入调味料A炒香，取出炒料备用。
3. 锅中加入高汤、调味料B煮沸成汤头备用。
4. 粄条与小白菜一起放入沸水中，烫至小白菜熟，将粄条与小白菜捞出盛碗，再加入做法2的炒料、汤头与葱花、香菜即可。

390 香菇肉燥粄条汤

材料＊Ingredient

粄条段250克、小白菜段30克、葱花10克、高汤500毫升、香菇肉燥适量

调味料＊Seasoning

盐少许、柴鱼粉1/4小匙、白胡椒粉少许

做法＊Recipe

1. 把高汤煮滚，加入所有调味料拌匀，备用。
2. 把粄条段与小白菜放入开水中烫熟，捞出盛碗，再加入适量的香菇肉燥、高汤与葱花即可。

香菇肉燥

材 料： 香菇20克、猪肉泥450克、蒜泥5克、红葱头末30克、水900毫升

调味料： 酱油120毫升、米酒30毫升、冰糖10克、白胡椒粉少许、五香粉少许

做 法：

1. 香菇泡冷水至软，捞出切丁备用。
2. 热一炒锅，倒入2大匙色拉油，加入蒜泥、红葱头末爆炒至微干，再加入香菇丁炒香。
3. 加入猪肉泥炒至颜色变白，放五香粉、白胡椒粉炒匀，再加酱油、米酒炒至入味。
4. 把做法3所有的材料移入砂锅中，加水煮滚后加入冰糖，再转小火续煮约50分钟，熄火后再闷约10分钟即可。

391 油葱酥粄条汤

材料＊Ingredient

粄条250克、绿豆芽20克、韭菜20克、油葱酥适量、高汤350毫升

调味料＊Seasoning

盐1/4小匙、鸡粉少许、胡椒粉少许

做法＊Recipe

1. 粄条切条，绿豆芽洗净去根，韭菜洗净切段。
2. 粄条、绿豆芽、韭菜段放入开水中汆烫一下，捞出放入碗中。
3. 把高汤煮滚后加入调味料拌匀，倒入碗中，再放上油葱酥即可。

油葱酥

材 料： 猪油100克、红葱头末50克

做 法：

　　热一炒锅，以小火把猪油烧热，加入红葱头末续以小火翻炒，炒至红葱头末上色呈金黄色即可熄火，利用刚熄火的余温继续翻炒至略凉，盛起即可。

392 干拌粿仔条

材料 ＊ Ingredient
粿仔条300克、小黄瓜1/2个、豆干120克、黑木耳40克、蒜泥15克、红葱头末10克、猪肉泥150克、高汤150毫升

调味料 ＊ Seasoning
甜面酱1大匙、辣豆瓣酱2大匙、盐少许、糖1/2小匙、酱油1小匙、米酒1小匙

做法 ＊ Recipe
1. 小黄瓜洗净切丝；豆干、黑木耳洗净切末，备用。
2. 热锅，倒入2大匙色拉油，放入蒜泥、红葱头末爆香，加入豆干末炒至微干，放入猪肉泥炒散至变白，再放入黑木耳末拌炒数下。
3. 加入甜面酱、辣豆瓣酱炒香，加入其余调味料炒匀，再加入高汤炒至入味且微干成拌酱。
4. 粿仔条放入沸水中氽烫一下，捞出盛入碗中，加入做法3的拌酱与适量小黄瓜丝即可。

393 干炒牛河

材料 ＊ Ingredient
河粉200克、牛肉丝80克、韭黄20克、葱1根、绿豆芽30克

调味料 ＊ Seasoning
酱油1大匙、蚝油1/2小匙、老抽1/2小匙、糖1/4小匙、色拉油1大匙

腌料 ＊ Pickle
酱油1/2小匙、糖1/4小匙、米酒1/2小匙、淀粉1/2小匙

做法 ＊ Recipe
1. 牛肉丝及所有腌料一起抓匀，腌渍约15分钟。
2. 将河粉摊开后反卷，切成约1.5厘米的长条；葱、韭黄洗净切段备用。
3. 热锅，倒入色拉油烧热，放入牛肉丝以小火炒至变色盛出。
4. 重热油锅，放入河粉条拌炒约2分钟后，加入葱段、绿豆芽、牛肉丝和所有调味料一起快炒约1分钟，起锅前再放入韭黄段炒匀即可。

394 雪菜炒粿仔条

材料＊Ingredient
粿仔条·········300克
猪肉泥·········120克
雪菜··········150克
红辣椒末········15克
蒜泥···········5克
姜末···········10克
高汤·········50毫升

调味料＊Seasoning
淡酱油·········1小匙
盐··········1/4小匙
糖··········1/4小匙
鸡粉·········1/2小匙
香油··········少许

做法＊Recipe
1. 雪菜洗净切末备用。
2. 热锅，倒入1大匙油，放入蒜泥、姜末爆香，加入猪肉泥炒散，再加入红辣椒末、雪菜末炒约1分钟。
3. 加入粿仔条、所有调味料与高汤，拌炒均匀入味即可。

395 芹菜拌粿仔条

材料＊Ingredient
粿仔条·········300克
熟猪瘦肉········80克
胡萝卜·········30克
黑木耳·········25克
芹菜··········150克
红辣椒末········10克
蒜泥···········15克

调味料＊Seasoning
盐··········1/2小匙
鸡粉·········1/4小匙
糖··········1/2小匙
白醋··········少许
乌醋·········1小匙
香油·········1大匙

做法＊Recipe
1. 芹菜洗净切段；胡萝卜、黑木耳洗净切丝；熟猪瘦肉切丝，备用。
2. 把胡萝卜丝、黑木耳丝与芹菜段放入开水中汆烫至熟，捞出泡入冰水中待凉，再捞出沥干水分。
3. 做法2的所有材料与熟猪瘦肉丝放入调理盆中，加入蒜泥、红辣椒末、所有调味料拌匀。
4. 粿仔条放入开水中汆烫一下即可捞出、沥干、吹凉盛盘，把做法3的所有材料放置粿仔条上拌匀即可。

396 米苔目汤

材料＊Ingredient
米苔目 ········· 200克
绿豆芽 ··········· 25克
红葱头末 ········· 10克
虾皮 ··············· 5克
韭菜末 ··········· 15克
高汤 ········· 400毫升

调味料＊Seasoning
盐 ············· 1/4小匙
鸡粉 ··········· 1/4小匙
白胡椒粉 ········· 少许

做法＊Recipe
1. 热锅，倒入1大匙猪油（材料外），放入红葱头末爆香，放入虾皮炒至金黄色取出备用。
2. 米苔目、绿豆芽放入沸水中余烫一下，捞出沥干备用。
3. 将高汤煮沸，加入所有调味料与韭菜末拌匀成汤头。
4. 将米苔目、绿豆芽放入碗中，加入汤头与做法1的葱油虾皮即可。

397 柴鱼米苔目

材料＊Ingredient
米苔目200克、韭菜20克、绿豆芽20克、柴鱼片适量、卤蛋1个、高汤400毫升、油葱酥适量

调味料＊Seasoning
盐1/4小匙、鸡粉1/4小匙、香油1小匙、白胡椒粉少许

做法＊Recipe
1. 韭菜洗净切段；绿豆芽洗净，备用。
2. 米苔目放入沸水中余烫一下，捞出沥干盛入碗中。
3. 将高汤煮沸后加入所有调味料调匀成汤头备用。
4. 将韭菜段与绿豆芽放入沸水中余烫至熟，放入米苔目上，再淋入汤头，并加入卤蛋、柴鱼片与葱油酥即可。

398 干拌米苔目

材料＊Ingredient
米苔目300克、韭菜段30克

调味料＊Seasoning
A 梅花肉泥300克、红葱头末15克、水700毫升
B 酱油60毫升、冰糖1/2大匙、米酒1大匙、白胡椒粉少许

做法＊Recipe
1. 热锅，倒入2大匙色拉油，放入红葱头末爆香至金黄色，即成油葱酥备用。
2. 再加入肉泥炒至变白色后，加入调味料B炒香，全部倒入砂锅中加水煮沸，以小火煮约40分钟，放入油葱酥续煮10分钟，即为肉臊油葱酥。
3. 米苔目放入沸水中余烫一下，再放入韭菜段煮熟，捞出沥干放入碗中，食用时淋上肉臊油葱酥拌匀即可。

399 火腿炒米苔目

材料 * Ingredient

米苔目·········· 300克
火腿············· 60克
芦笋（小）····· 80克
黄甜椒·········· 50克
蒜泥············· 10克

调味料 * Seasoning

盐············· 1/4小匙
酱油·············少许
柴鱼粉········ 1/4小匙

做法 * Recipe

1. 火腿切粗丝；芦笋、黄甜椒洗净切细丝，备用。
2. 将芦笋段、黄甜椒段放入沸水中汆烫去涩味，捞出备用。
3. 热锅，倒入1大匙色拉油，放入蒜泥爆香，加入火腿丝炒香。
4. 加入米苔目、所有调味料拌炒入味，再加入芦笋段、黄甜椒丝炒匀即可。

400 肉丝炒米苔目

材料 * Ingredient

米苔目300克、猪肉丝100克、韭菜花段30克、胡萝卜丝15克、黑木耳丝20克、红葱头末10克、虾皮5克、高汤100毫升

调味料 * Seasoning

盐少许、糖1/2小匙、酱油1大匙、白胡椒粉少许

做法 * Recipe

1. 热锅，倒入2大匙色拉油，放入红葱头末爆香，放入虾皮炒香上色，取出备用。
2. 再放入猪肉丝拌炒至变白色后，放入胡萝卜丝、黑木耳丝拌炒数下。
3. 加入米苔目、所有调味料、高汤炒匀，再加入韭菜花段炒入味，最后加入做法1的葱油虾皮炒匀即可。

401 猪肠粉条

材料 * Ingredient

猪肠600克、粉条3把、冬菜适量、姜丝适量、高汤1000毫升、姜片3片、葱段少许、米酒1大匙、面粉4大匙

调味料 * Seasoning

盐适量、胡椒粉少许、香油1小匙

做法 * Recipe

1. 猪肠先修剪多余的脂肪与杂质，翻面后加盐揉洗，再加入面粉揉洗干净，放入开水中煮约5分钟，捞出冲冷水洗净。
2. 把猪肠放入电锅的内锅中，加入姜片、葱段、米酒与高汤，外锅加入300毫升的水，煮2次后再焖10分钟，加入所有调味料拌匀，捞出猪肠切小段。
3. 粉条入冷水泡软，再入开水煮约1分钟，捞出放入碗中，放猪肠、姜丝、冬菜与做法2的高汤即可。

402 绿豆米苔目

材料 * Ingredient

绿豆·················· 150克
二砂糖················· 60克
水·················500毫升
米苔目（甜食用）100克
锉冰·················· 适量
黑糖水················· 适量

做法 * Recipe

1. 绿豆洗净后浸泡冷水（分量外）约1小时备用。
2. 将绿豆放入电锅内锅中加入水500毫升，再放入电锅中，外锅加入1.5杯水，煮至开关跳起后焖10分钟。
3. 加入二砂糖拌匀，外锅再加1/2杯水，待开关跳起后焖5分钟即可。
4. 待绿豆冷却后，取1碗放入锉冰，再加适量绿豆与米苔目、黑糖水即可。

403 黑糖水米苔目

材料 * Ingredient

二砂糖················· 30克
黑糖·················· 50克
热开水············350毫升
锉冰·················· 少许
米苔目（甜食用）150克

做法 * Recipe

1. 二砂糖放入干锅中炒香，加入热开水、黑糖煮沸，转小火续煮10分钟后放凉，即成黑糖水。
2. 米苔目放入碗中，加入黑糖水，再加入锉冰即可。

面料理

西式篇

意大利面不管在西方还是东方都是相当受欢迎的面食料理，不管是地道的意式风味，还是改良后的各地风味，都相当美味。此外将意大利面做成冷面也很对味，千层面更是不能错过的美味料理。

学会三大基本酱汁就好吃

青酱

材料 * Ingredient

橄榄油⋯⋯⋯200毫升
鳀鱼⋯⋯⋯⋯⋯5克
松子⋯⋯⋯⋯⋯20克
罗勒叶⋯⋯⋯⋯10克
奶酪粉⋯⋯⋯⋯1大匙
蒜泥⋯⋯⋯⋯⋯3克
香芹末⋯⋯⋯1/4小匙

做法 * Recipe

在果汁机中依序放入所有材料，再以果汁机搅打均匀即可。

红酱

材料 * Ingredient

整粒罐装西红柿300克
罗勒末⋯⋯⋯⋯1大匙
蒜泥⋯⋯⋯⋯⋯1大匙
洋葱碎⋯⋯⋯⋯2大匙
意大利什锦香料1/4小匙
高汤⋯⋯⋯⋯500毫升
西红柿糊⋯⋯⋯2大匙
橄榄油⋯⋯⋯⋯1大匙

做法 * Recipe

1. 锅中倒入橄榄油，以小火炒香蒜泥、洋葱碎，再加入西红柿糊炒匀。
2. 锅中加入罐装整粒西红柿，再加入意大利什锦香料、罗勒末和高汤，最后以小火熬煮20分钟至浓稠即可。

白酱

材料 * Ingredient

动物性鲜奶油100毫升
无盐奶油⋯⋯⋯20克
鲜奶⋯⋯⋯⋯200毫升
面粉⋯⋯⋯⋯⋯1大匙
高汤⋯⋯⋯⋯300毫升

做法 * Recipe

1. 取锅放入无盐奶油，加入面粉开小火炒香后，加入动物性鲜奶油拌匀。
2. 锅中倒入鲜奶和高汤拌匀，搅拌至无颗粒状即可。

404 肉酱意大利面

材料 ∗ Ingredient

A 意大利面80克
B 猪肉泥20克、洋葱碎10克、蒜泥2粒
C 胡萝卜末5克、西芹末5克、西红柿粉1/2小匙、西红柿汁30毫升

调味料 ∗ Seasoning

A 意大利什锦香料1/4小匙、月桂叶片1片、罗勒叶3片
B 糖1/2小匙、奶酪粉5克

做法 ∗ Recipe

1. 意大利面放入开水中煮熟后，捞起泡冷水至凉，再以少许橄榄油(材料外)拌匀，备用。
2. 热油锅，放入猪肉泥、洋葱碎、蒜泥炒香后，加入胡萝卜末、西芹末、西红柿粉、西红柿汁拌炒均匀。
3. 锅中加入调味料A，转小火煮至汤汁变浓稠。
4. 锅中加入意大利面及调味料B拌匀即可。

405 肉酱宽面

材料 ∗ Ingredient

奶油30克、洋葱丝30克、胡萝卜丝20克、煮熟意大利宽面180克、青椒丝20克、意大利肉酱6大匙、奶酪粉适量

做法 ∗ Recipe

1. 热锅，将奶油用小火煮至融化，放入洋葱丝与胡萝卜丝炒香，加入煮熟面条以小火拌炒1分钟。
2. 加青椒丝略炒，淋意大利肉酱，撒奶酪粉即可。

意大利肉酱

材 料：

A 橄榄油3大匙、牛肉泥300克、猪肉泥100克、玉米粉1大匙
B 洋葱碎3大匙、胡萝卜碎50克、罗勒碎5克、月桂叶1片、红酒100毫升、整粒罐头西红柿300克、西红柿糊1大匙、高汤700毫升、盐少许、糖少许

做 法：

锅中烧热橄榄油，放牛肉泥、猪肉泥炒至微焦，放入材料B煮15分钟，以玉米粉勾芡即可。

406 西红柿鲜菇面

材料 * Ingredient
意大利圆直面·150克
西红柿块········40克
蘑菇············20克
生香菇··········20克
秀珍菇··········10克
蒜头············2粒
橄榄油··········2大匙
高汤··········200毫升

调味料 * Seasoning
盐············1/4小匙
红酱··········150克
（做法参考P210）

做法 * Recipe
1. 意大利圆直面加水煮至滚沸时，续煮8~10分
   钟即捞起备用。
2. 将所有菇类材料洗净沥干；蒜头切片，备用。
3. 在平底锅倒入橄榄油，热锅后放入蒜片，炒至
   金黄色后，放入所有的菇类材料和西红柿块以
   小火拌炒1分钟。
4. 续加入红酱和高汤略煮拌匀，再放入煮熟的意
   大利圆直面，最后再加盐调味拌匀即可。

407 芦笋鲜虾干贝
意大利面

材料 * Ingredient
意大利圆直面·150克
鲜虾············2只
干贝············2个
芦笋（斜切）·····1根
罗勒叶丝········适量
橄榄油··········2大匙
高汤··········200毫升
蒜泥············少许
洋葱碎··········20克

调味料 * Seasoning
盐············1/4小匙
红酱··········150克
（做法参考P210）

做法 * Recipe
1. 在水滚沸时，放入意大利圆直面煮8~10分钟
   即捞起；鲜虾洗净去头尾、去壳，备用。
2. 在平底锅中倒入橄榄油，放入蒜泥炒至金黄色
   后，放入洋葱碎，炒软后加入鲜虾、干贝、芦
   笋及高汤，再放入调味料以小火炒2分钟。
3. 加入煮熟的意大利圆直面，最后放入罗勒叶丝
   拌匀即可。

408 牛肉丸子意大利面

材料 ＊ Ingredient

A 洋葱碎20克、迷迭香1根、百里香1根、蒜泥2粒、玉米粉5克
B 蝴蝶面80克、牛肉泥80克、番茄酱2大匙、红酒100毫升
C 香芹末1/4小匙

调味料 ＊ Seasoning

A 盐1/2小匙、糖1/4小匙、鸡蛋1个
B 高汤50毫升、盐1/4小匙、胡椒粉1/4小匙

做法 ＊ Recipe

1. 迷迭香、百里香切末备用。
2. 蝴蝶面放入开水中煮熟，捞起泡冷水至凉，以少许橄榄油(材料外)拌匀。
3. 牛肉泥加入材料A与调味料A拌匀后，略摔打至出筋性，用手抓成约2厘米大小的圆球。
4. 锅中倒入约300毫升橄榄油(材料外)以小火热至180℃，将牛肉泥球以小火炸2分钟至熟捞出，再以红酒略煮5分钟入味。
5. 平底锅放入番茄酱、调味料B及蝴蝶面以小火煮匀，起锅盛盘再摆上牛肉丸子，撒上香芹末即可。

409 培根蛋奶面

材料 ＊ Ingredient

培根	30克
洋葱丝	10克
动物性鲜奶油	30克
蛋黄	1个
扁宽面	80克
香芹末	1/4小匙

调味料 ＊ Seasoning

米酒	20毫升
奶酪粉	1大匙

做法 ＊ Recipe

1. 扁宽面放入开水中煮熟后，捞起泡冷水至凉，再以少许橄榄油（材料外）拌匀；培根切条状。
2. 热油锅，放入洋葱丝、培根炒香，加入动物性鲜奶油及扁宽面以小火拌煮约1分钟至面入味。
3. 起锅前加入蛋黄与调味料拌匀，最后撒上香芹末即可（亦可将蛋黄最后放于面中央）。

410 三文鱼蝴蝶面

材料 ＊ Ingredient
三文鱼 ·········· 60克
动物性鲜奶油 40毫升
蒜片 ············· 2粒
洋葱碎 ·········· 10克
蝴蝶面 ·········· 80克

调味料 ＊ Seasoning
盐 ············ 1/4小匙
米酒 ············ 1大匙
胡椒粉 ········ 1/4小匙

做法 ＊ Recipe
1.蝴蝶面放入开水中煮熟后，捞起泡冷水至凉，再以少许橄榄油(材料外)拌匀备用。
2.三文鱼洗净切厚片，放入热锅中以小火煎至两面略焦黄。
3.热油锅，炒香蒜片、洋葱碎后，加入蝴蝶面、动物性鲜奶油、所有调味料及三文鱼拌匀即可。

411 栗子鲜茄面

材料 ＊ Ingredient
水煮熟栗子 ······ 5粒
意大利圆直面 · 120克
茄子片 ·········· 20克
红甜椒丝 ········ 20克
黄甜椒丝 ········ 20克
洋葱丝 ··········· 5克
蒜泥 ············· 2克
橄榄油 ·········· 1大匙

调味料 ＊ Seasoning
盐 ············ 1/4小匙
米酒 ············ 1大匙
胡椒粉 ········ 1/4小匙

做法 ＊ Recipe
1.将意大利圆直面放入开水中煮熟后，捞起泡冷水，再以少许橄榄油（材料外）拌匀备用。
2.取锅，倒入橄榄油加热，放入蒜泥和洋葱丝炒香后，加入茄子片、栗子和红甜椒丝、黄甜椒丝拌炒，最后放入意大利圆直面和所有调味料，以大火炒匀即可。

412 奶油蛤蜊面

材料＊Ingredient
蛤蜊·············12个
意大利面········80克
洋葱碎··········10克
香芹末·······1/4小匙
动物性鲜奶油··40克

调味料＊Seasoning
盐··········1/4小匙
米酒···········1大匙
胡椒粉·······1/4小匙

做法＊Recipe
1. 意大利面放入开水中煮熟后，捞起泡冷水至凉，再以少许橄榄油(材料外)拌匀，备用。
2. 蛤蜊放在加入少许盐的水中吐沙，备用。
3. 热油锅，炒香洋葱碎，加入动物性鲜奶油、调味料及蛤蜊，煮到蛤蜊都开口后，加入意大利面拌匀，最后撒上香芹末拌匀即可。

美味memo
蛤蜊又称作"文蛤"或"蚶仔"，生活在沿海泥沙中，一年四季都有，以冬天买到的肉较大、鲜美。烹调时要注意煮到壳微张开即可盛盘，以免时间久后肉质变硬或缩小。

413 海鲜墨鱼宽扁面

材料＊Ingredient
墨鱼片适量、蛤蛎适量、虾仁适量、橄榄油50毫升、洋葱碎1大匙、蒜头碎10克、罗勒适量、黑酱2大匙、煮熟墨鱼宽扁面180克

调味料＊Seasoning
市售意式墨鱼酱2大匙、盐适量、胡椒粉适量

做法＊Recipe
1. 将墨鱼片、蛤蛎、虾仁洗净备用。
2. 用橄榄油将洋葱碎与蒜头碎以小火炒约1分钟后，加入海鲜料及罗勒以小火炒2分钟。
3. 炒熟后加入市售意式墨鱼酱、煮熟的墨鱼宽扁面拌匀，再撒上盐、胡椒粉调味，盛入盘中即可。

美味memo
由于意式墨鱼酱含有较重的腥味，因此搭配肉类口味的意大利面都不太合适，烹调时应以海鲜料理为主。

414 松子青酱 意大利面

材料 * Ingredient
意大利面········· 80克
蒜泥············· 少许
松子············· 5克

调味料 * Seasoning
青酱············· 2大匙
（做法请参考P210）
盐 ············· 1/4小匙

做法 * Recipe
1. 意大利面放入开水中煮熟后，捞起泡冷水至凉，再以少许橄榄油(材料外)拌匀，备用。
2. 热油锅，以小火炒香蒜泥，加入松子、市售青酱、盐及意大利面拌匀即可。

415 蒜香牛肉扁宽面

材料 * Ingredient
牛肉············· 80克
扁宽面··········· 80克
洋葱碎··········· 10克
蒜片············· 少许

调味料 * Seasoning
A 青酱 ·········· 1大匙
（做法请参考P210）
B 红酒 ········· 10毫升
橄榄油······· 5毫升
盐········· 1/4小匙
胡椒粉····· 1/4小匙

做法 * Recipe
1. 扁宽面放入开水中煮熟后，捞起泡冷水至凉，再以少许橄榄油（材料外）拌匀，备用。
2. 牛肉洗净撒上调味料盐、胡椒略腌。
3. 热锅，以小火炒香蒜片，再放入牛肉与橄榄油，以中火煎至需要的熟度，加入红酒略煮后，起锅切片。
4. 另起一锅，将洋葱碎炒香，加入青酱及扁宽面拌匀，再把切片牛肉放置盘中即可。

416 白酒蛤蜊面

材料＊Ingredient
蛤蜊……………10个
意大利圆直面··120克
蒜泥……………适量
蒜片……………适量
红辣椒末………适量
红辣椒片………适量
白酒………… 15毫升
橄榄油…………1大匙
香芹末…… 1/4小匙

调味料＊Seasoning
盐 …………… 1/4小匙
粗黑胡椒…… 1/8小匙

做法＊Recipe
1.将意大利圆直面放入开水中煮熟，捞起泡冷水冷却，沥干再以少许橄榄油（材料外）拌匀备用。
2.取锅，倒入橄榄油加热，放入蒜片和红辣椒片炒香后，加入蛤蜊和白酒拌炒，最后放入意大利圆直面、蒜泥、红辣椒末和全部调味料，炒匀后关火。
3.将意大利面盛盘，再撒上香芹末即可。

417 蒜片蛤蜊面

材料＊Ingredient
蛤蜊……………8个
意大利面……… 80克
罗勒叶…………2片
蒜片……………适量
红辣椒片………适量

调味料＊Seasoning
白酒………… 20毫升
盐 …………… 1/4小匙
香芹末 ……… 1/4小匙
黑胡椒 ……… 1/4小匙

做法＊Recipe
1.意大利面放入开水中煮熟后，捞起泡冷水至凉，再以少许橄榄油(材料外)拌匀备用。
2.热油锅，以小火炒香蒜片、红辣椒片，再加入蛤蜊及白酒，至蛤蜊略开口后捞起。
3.锅中放入意大利面煮1分钟，加入捞起的蛤蜊、罗勒叶及其余调味料拌匀即可。

美味memo
　　不吃那么辣的，可以将红辣椒去籽，再切成片状，于做法3时与罗勒叶一起拌炒均匀，就会产生红辣椒的香气，却不会有那么浓厚的辣味。

418 南瓜鲜虾面

材料 ＊ Ingredient
绿藻面 ·········150克
南瓜酱 ·········100克
草虾仁 ···········3只
橄榄油 ···········适量

调味料 ＊ Seasoning
盐 ···········1/4小匙
高汤 ·········400毫升
米酒 ···········30毫升

做法 ＊ Recipe
1. 绿藻面待水煮沸时，放入煮约8分钟即捞起。
2. 在平底锅中倒入橄榄油，放入草虾仁炒香，再淋上白酒。
3. 加入盐和高汤略煮，再放入南瓜酱炒约1分钟，最后放入煮熟的绿藻面拌匀即可。

南瓜酱
材　料： 无盐奶油20克、面粉1大匙、高汤100毫升、南瓜泥200克

做法：
　　取锅放入无盐奶油，加入面粉开小火炒香后，加入南瓜泥拌匀，最后倒入高汤搅拌至无颗粒即可。

419 什锦菇蔬菜面

材料 ＊ Ingredient
蘑菇片 ···········5克
鲜香菇片 ·········3克
鲍鱼菇片 ·········5克
洋葱丝 ···········5克
红甜椒丝 ·········10克
黄甜椒丝 ·········10克
青椒丝 ···········10克
意大利面 ·········80克
蒜片 ···········少许

调味料 ＊ Seasoning
米酒 ·········10毫升
盐 ···········1/4小匙
黑胡椒粉 ····1/4小匙
奶酪粉 ·······1/2小匙
高汤 ·········200毫升

做法 ＊ Recipe
1. 意大利面放入开水中煮熟后，捞起泡冷水至凉，再以少许橄榄油(材料外)拌匀备用。
2. 热锅，以大火炒香所有菇类后，加入蒜片、洋葱丝、意大利面、青椒丝、甜椒丝及所有调味料拌炒入味即可。

420 双色花菜虾仁
橄榄贝壳面

材料＊Ingredient
西蓝花…………20克
花菜……………20克
虾仁……………30克
三色贝壳面……80克
蒜片……………适量

调味料＊Seasoning
盐………………1/4小匙
七彩胡椒粉·1/4小匙
橄榄油…………1大匙

做法＊Recipe
1. 三色贝壳面放入开水中煮熟后，捞起泡冷水至凉，再以少许橄榄油(材料外)拌匀备用。
2. 将西蓝花、花菜洗净切小朵，与虾仁分别放入开水中汆烫至熟，捞起备用。
3. 热油锅，以小火炒香蒜片，加入三色贝壳面、做法2的材料与所有调味料拌匀即可。

421 金枪鱼青豆
蝴蝶面

材料＊Ingredient
蝴蝶面…………80克
金枪鱼罐头……20克
青豆仁…………40克
蒜片……………3片

调味料＊Seasoning
盐………………1/4小匙
米酒……………30毫升
七彩胡椒粉……适量

做法＊Recipe
1. 将蝴蝶面放入开水中煮熟后，捞起泡冷水至凉，再以少许橄榄油(材料外)拌匀备用。
2. 青豆仁30克与米酒放入果汁机中搅打成汁。
3. 热油锅，炒香蒜片后，加入蝴蝶面、金枪鱼罐头、做法2的青豆米酒汁、其余的青豆仁及盐、七彩胡椒粉拌匀即可。

422 鳀鱼芥籽酱斜管面

材料 * Ingredient
小鳀鱼 1/2罐(约4只)
蒜泥…………… 少许
香菜碎 ………… 适量
斜管面 ………… 80克

调味料 * Seasoning
米酒……………1大匙
奶酪粉…………1大匙
芥末籽酱………1小匙

做法 * Recipe
1. 斜管面放入开水中煮熟后,捞起泡冷水至凉,
   再以少许橄榄油(材料外)拌匀备用。
2. 平底锅放入少许橄榄油,蒜泥炒香,加入小鳀
   鱼、所有调味料及斜管面拌匀,再撒上少许香
   菜碎即可。

423 田园蔬菜绿藻面

材料 * Ingredient
A 南瓜片10克、红甜椒5克、黄甜椒5克、西蓝
  花5克、花菜10克、蘑菇片5克、小西红柿片
  10克、秀珍菇20克
B 绿藻面150克、蒜片适量、橄榄油2大匙

调味料 * Seasoning
盐1/4小匙、高汤200毫升

做法 * Recipe
1. 绿藻面放入沸水中煮约8分钟即捞起备用。
2. 将材料A的所有蔬菜料洗净沥干,备用。
3. 在平底锅中倒入橄榄油,放入蒜片炒香,加入
   做法2的所有蔬菜,炒约1分钟后,放入盐和
   高汤略煮,最后加入煮熟的绿藻面拌匀即可。

424 凉拌西红柿天使面

材料 * Ingredient

西红柿丁 ········ 30克
奶酪丁 ········· 20克
香芹末 ······· 1/4小匙
香菜末 ······· 1/4小匙
黑橄榄片 ······· 适量
蒜泥 ··········· 适量
罗勒丝 ········· 适量
天使面 ········ 80克

调味料 * Seasoning

番茄酱 ·········1大匙
黑胡椒 ······· 1/4小匙
米醋 ···········1小匙
盐 ··········· 1/4小匙
糖 ··········· 1/4小匙

做法 * Recipe

1. 天使面放入开水中煮熟后，捞起泡冰水至凉，再以少许橄榄油(材料外)拌匀，备用。
2. 将天使面放入调理盆中，加入西红柿丁、奶酪丁、香芹末、黑橄榄片、蒜泥、罗勒丝、香菜末及所有调味料拌匀即可。

425 意式鸡肉冷面

材料 * Ingredient

意大利螺丝面·· 60克
鸡胸肉 ·······约200克
生菜丝 ······· 200克
小西红柿··········6个

调味料 * Seasoning

盐 ··········· 1/2小匙
橄榄油 ········52毫升
黑胡椒粉(粗)···· 少许
糖 ············· 少许
酱油··········· 10毫升
陈醋 ·········· 15毫升
香油 ·········· 15毫升
香芹末 ········· 少许

做法 * Recipe

1. 将意大利螺丝面煮熟，捞出冷却后拌少许橄榄油(分量外)备用。
2. 将所有调味料调匀成酱汁；小西红柿洗净切对半，备用。
3. 鸡胸肉洗净，放入开水中以大火煮约15分钟，取出沥干，待凉切薄片备用。
4. 将生菜丝铺入盘中，面放于中间，小西红柿、鸡胸肉片排盘后，淋上调好的酱汁即可。

426 西芹胡萝卜冷汤面

材料 * Ingredient
熟面150克、西芹30克、胡萝卜80克、甜豆荚50克、凉开水300毫升

调味料 * Seasoning
水果醋2大匙、盐1/2小匙、蜂蜜1大匙

做法 * Recipe
1. 西芹洗净、切小块，胡萝卜洗净去皮、切小块。
2. 取汤锅，加水煮至滚沸，放入西芹块、胡萝卜块以小火煮约10分钟后，捞出沥干。
3. 将西芹块、胡萝卜块、凉开水，全部放入果汁机中搅打呈泥状。
4. 取一碗，将做法3的蔬菜泥用滤网过滤，去渣滤出蔬菜汁至碗中。
5. 将所有调味料加入做法4的碗中搅拌均匀，即为西芹红萝冷汤汁。
6. 另取一碗，先将熟面放入碗中，再将芹菜红萝冷汤汁倒在面上，最后加上自己喜爱的配料即可。

427 西班牙冷汤面

材料 * Ingredient
熟面	200克
西芹	30克
胡萝卜	20克
西红柿	1个
小黄瓜	1/2个
红甜椒	1/2个
洋葱	50克
蒜头	1粒
鸡汤	500毫升

调味料 * Seasoning
番茄酱	2大匙
盐	1/2小匙
色拉油	少许

做法 * Recipe
1. 所有蔬菜洗净、切丁状；蒜头切碎，备用。
2. 热锅，倒入色拉油烧热后，先放入蒜泥、洋葱丁，以小火炒约1分钟，再放入除小黄瓜外的所有蔬菜丁，续炒约3分钟。
3. 将鸡汤倒入锅中，以小火煮约20分钟，再加入所有调味料调味即可熄火。
4. 待做法3的材料冷却后，与小黄瓜块一起装入容器中，放置冰箱中冰凉即为西班牙冷汤汁。
5. 食用前，先将面放入碗内，再将西班牙冷汤汁倒入碗内即可。

428 凉拌海鲜 水管面

材料 * Ingredient

鲜虾……………6只
蛤蜊……………4个
鱿鱼…………… 20克
意大利水管面·120克
蒜片……………适量
西红柿丁……… 20克
黑橄榄片………2克
罗勒叶碎………少许

调味料 * Seasoning

盐………… 1/4小匙
米酒………… 1大匙
橄榄油 …………1大匙

做法 * Recipe

1. 将意大利水管面放入开水中煮熟后，泡冷水冷镇后沥干，再以少许橄榄油（材料外）拌匀备用。
2. 将全部海鲜材料放入开水中烫熟，即放入冰水中置凉，捞起沥干备用。
3. 取一容器，放入意大利水管面、做法2的海鲜、其余材料和全部调味料拌匀即可。

429 凉拌鸡肉 青酱面

材料 * Ingredient

鸡胸肉片……… 80克
蘑菇片 ……… 20克
蒜片……………适量
红甜椒丁………5克
橄榄油 ………1小匙
意大利圆直面·120克
黑橄榄片………10克

调味料 * Seasoning

青酱………… 2大匙
（做法参考P210）

做法 * Recipe

1. 将意大利圆直面放入开水中煮熟后，泡冷水冰镇后沥干，再以少许橄榄油（材料外）拌匀备用。
2. 将蘑菇片和鸡胸肉片分别放入开水中煮熟后，捞起泡冷水至凉备用。
3. 取一容器，放入意大利圆直面、蘑菇片和鸡胸肉片、其余材料和青酱拌匀即可。

430 凉拌鸡丝面

材料 ＊ Ingredient

意大利细面 …… 70克
鸡胸肉 ………… 1/2副
青甜椒 ………… 1/2个
红甜椒 ………… 1/2个
小黄瓜 …………… 1个
火腿 ……………… 1片
胡萝卜 …………100克

调味料 ＊ Seasoning

橄榄油 ………28毫升
粗黑胡椒粉 …… 少许
芝麻酱 …………14克
酱油 …………10毫升
香油 …………… 2小匙
柠檬汁 ………… 适量

做法 ＊ Recipe

1. 将意大利细面煮熟，捞出冷却后拌少许橄榄油（分量外）备用。
2. 青甜椒、红甜椒、小黄瓜、胡萝卜洗净切丝；火腿切丝，备用。
3. 鸡胸肉放入开水中煮约15分钟至熟后，捞出冷却撕成丝状，与其余所有做法1的材料一起排置于盘中，淋上柠檬汁。
4. 将橄榄油、粗黑胡椒粉、芝麻酱、酱油、香油拌匀装置小碟，食用时淋在面上拌匀即可。

431 鲜奶魔芋面

材料 ＊ Ingredient

魔芋面 ………… 200克
苹果 ………………1个
鲜奶 …………100毫升
小黄瓜丝 ……… 适量

调味料 ＊ Seasoning

蛋黄酱 ……… 3大匙
白醋 ……………1大匙
盐 …………… 1/4小匙
糖 ………………1大匙

做法 ＊ Recipe

1. 苹果洗净去皮、去籽，切小块备用。
2. 将苹果块、鲜奶放入果汁机搅打呈汁状。
3. 取一碗，倒入做法2的苹果汁，再加所有调味料调匀即为鲜奶苹果酱。
4. 将魔芋面汆烫后，用凉开水冲洗过凉、摆盘，再淋上鲜奶苹果酱，最后加上小黄瓜丝即可。

432 茄汁海鲜焗面

材料 * Ingredient

什锦海鲜······ 200克
螺旋面 ·········150克
奶酪丝 ······· 50克
洋葱丁 ······· 20克
香芹末 ········· 少许

调味料 * Seasoning

意式番茄酱汁(市售)
··············· 3大匙
高汤········· 100毫升
盐 ········· 1/4小匙

做法 * Recipe

1. 螺旋面放入加了少许橄榄油的开水中氽烫至
   熟，捞起；什锦海鲜放入开水中氽烫过，捞起
   沥干水分，备用。
2. 热锅，炒香洋葱丁，放入什锦海鲜与所有调味
   料拌匀。
3. 淋在螺旋面上，再撒上奶酪丝，一起放入烤箱
   以上火250℃、下火150℃烤约2分钟，至呈
   金黄色，最后撒上少许香芹末即可。

433 焗肉酱面

材料 * Ingredient

猪肉泥 ·········· 50克
西红柿丁········ 20克
洋葱碎 ·········10克
蝴蝶面 ·········120克
奶酪丝 ········· 30克
香芹末 ·········· 少许

调味料 * Seasoning

什锦香料····· 1/2大匙
意式番茄酱汁(市售)
··············· 3大匙
高汤········· 200毫升

做法 * Recipe

1. 蝴蝶面放入加了少许橄榄油的开水中氽烫至
   熟，捞起备用。
2. 热锅，放入洋葱碎炒香，再加入猪肉泥略炒，
   续加入西红柿丁及所有调味料，以小火炖煮约
   10分钟。
3. 将做法2的酱汁与蝴蝶面拌匀，撒上奶酪丝，
   放入己预热的烤箱中，以上火300℃、下火
   150℃烤约2分钟，至呈金黄色，最后撒上少
   许香芹末即可。

434 匈牙利牛肉焗面

材料 ＊ Ingredient
牛肉泥 ………… 80克
洋葱碎 ………… 30克
意大利面 ……… 150克
奶酪丝 ………… 50克
西红柿丁 ……… 少许
香芹末 ………… 少许

调味料 ＊ Seasoning
匈牙利红椒粉·2大匙
高汤 ……… 200毫升
盐 ………… 1/4小匙

做法 ＊ Recipe
1. 意大利面放入加了少许橄榄油的开水中汆烫至熟，捞起沥干水分。
2. 热锅，炒香洋葱碎，放入牛肉泥略炒，再加入意大利面、西红柿丁与所有调味料拌匀，撒上奶酪丝。
3. 放入烤箱，以上火200℃、下火150℃烤约3分钟，烤至呈金黄色，最后撒上少许香芹末装饰即可。

435 茄汁鲭鱼焗通心面

材料 ＊ Ingredient
鲭鱼罐头 ……… 80克
洋葱丝 ………… 30克
通心面 ………… 150克
奶酪丝 ………… 50克

调味料 ＊ Seasoning
意式番茄酱汁·3大匙
高汤 ……… 100毫升
盐 ………… 1/4小匙

做法 ＊ Recipe
1. 通心面放入加了少许橄榄油的开水中汆烫至熟，捞起沥干水分备用。
2. 热锅，炒香洋葱丝，加入所有调味料，淋在通心面上拌匀，再撒上奶酪丝。
3. 放入烤箱，以上火250℃、下火150℃烤约2分钟，烤至呈金黄色即可。

436 焗烤金枪鱼蝴蝶面

材料 ＊ Ingredient
罐装金枪鱼 …… 50克
洋葱丁 ………… 20克
西芹片 ………… 10克
黑橄榄片 ………… 2克
熟蝴蝶面 ……… 150克
奶酪丝 ………… 50克

调味料 ＊ Seasoning
白酱 …………… 2大匙
（做法参考P210）

做法 ＊ Recipe
1. 取锅，加入少许油烧热，放入洋葱丁炒香后，加入金枪鱼、蝴蝶面、西芹片、黑橄榄片和白酱以小火炒匀。
2. 将蝴蝶面盛入焗烤盅内，撒上奶酪丝。
3. 放入已预热的烤箱中，以上火250℃、下火150℃，烤约8分钟至表面呈金黄色即可。

437 青酱焗笔尖面

材料 * Ingredient

鸡肉片80克、洋葱碎20克、
笔尖面150克、奶酪丝30克、
红甜椒末少许、香芹末少许

调味料 * Seasoning

青酱2大匙(做法参考
P210)、高汤100毫升

做法 * Recipe

1. 笔尖面放入加了少许橄榄油的开水中氽烫至熟, 捞起。
2. 热锅, 放入鸡肉片、洋葱碎略炒, 起锅与笔尖面一起
   放入焗烤盘中, 再加入所有调味料拌匀, 最后撒上奶
   酪丝。
3. 放入已预热的烤箱中, 以上火200℃、下火150℃烤约
   2分钟, 烤至呈金黄色即可。
4. 撒上少许红甜椒末、香芹末装饰即可。

438 玉米金枪鱼焗面

材料 * Ingredient

玉米粒 ………… 50克
金枪鱼罐头 ……100克
通心面 …………150克
奶酪丝 ………… 30克

调味料 * Seasoning

动物性鲜奶油‥ 50克
盐 ………… 1/4小匙
高汤 ………200毫升

做法 * Recipe

1. 通心面放入加了少许橄榄油的开水中氽烫至熟, 捞起
   沥干水分。
2. 玉米粒、金枪鱼罐头及所有调味料拌匀, 淋在通心面
   上, 再撒上奶酪丝。
3. 放入烤箱中, 以上火250℃、下火150℃烤约2分钟,
   烤至呈金黄色即可。

439 鲜虾焗通心面

材料 * Ingredient

鲜虾(熟)………7只
洋葱丁 ………… 30克
小黄瓜片…………7片
通心面(熟)·150克
奶酪丝 ………… 50克

调味料 * Seasoning

咖喱块 …………1块
高汤………… 100毫升
盐 ………… 1/4小匙

做法 * Recipe

1. 取锅, 加入少许油烧热, 放
   入洋葱丁炒香后, 加入鲜
   虾、通心面、小黄瓜片和全
   部调味料炒匀。
2. 将通心面盛入焗烤盅内,
   撒上奶酪丝。
3. 放入已预热的烤箱中, 以
   上火250℃、下火150℃烤
   约6分钟, 至表面呈金黄色
   即可。

440 焗烤海鲜千层面

材料 * Ingredient

什锦海鲜…… 200克
洋葱丁………… 20克
菠菜千层面…… 2片
奶酪丝………… 50克
香芹末………… 少许

调味料 * Seasoning

动物性鲜奶油·· 60克
盐…………… 1/4小匙

做法 * Recipe

1. 菠菜千层面放入加少许橄榄油的开水中汆烫至熟，捞起沥干；什锦海鲜放入开水中汆烫至熟，备用。
2. 热锅，炒香洋葱丁，加入烫熟的什锦海鲜与所有调味料一起拌匀。
3. 先将千层面1片置于烤盘底，再淋上一半做法2的材料，撒上一半奶酪丝，再重复1次动作至材料用毕后，放入烤箱，以上火250℃、下火150℃烤约2分钟至呈金黄色，最后撒上少许香芹末装饰即可。

441 咖喱什锦菇焗烤千层面

材料 * Ingredient

什锦菇………… 150克
洋葱碎………… 30克
菠菜千层面…… 2片
奶酪丝………… 50克

调味料 * Seasoning

咖喱块………… 30克
高汤………… 300毫升

做法 * Recipe

1. 菠菜千层面放入加了少许橄榄油的开水中汆烫至熟，捞起沥干水分；什锦菇洗净切丝或小朵。
2. 热锅，放入什锦菇、洋葱碎炒香，加入所有调味料拌匀。
3. 先将1片菠菜千层面置于烤盘底，再淋上一半做法2的材料，撒上一半奶酪丝，再重复1次动作至材料用毕后，放入烤箱，以上火250℃、下火150℃烤约2分钟，至呈金黄色即可。

面料理
日韩东南亚篇

说到日式拉面、乌冬面，相信有很多人都喜欢吃，滋味香浓的汤底配上劲道爽滑的面条，简直让人欲罢不能；还有风味独特的韩式冷面，也是广受欢迎的面食之一；此外，东南亚风味的各色面食更是爱面之人不可错过的佳肴……这么多美味的面食料理，想吃就快来学吧，本篇统统教给你！

442 猪骨拉面

材料 * Ingredient
拉面…………150克
温泉蛋…………1个
烧海苔…………1片
叉烧肉片………1片
葱丝…………20克
猪骨高汤····500毫升

调味料 * Seasoning
盐………………1小匙

做法 * Recipe
1. 温泉蛋对切备用。
2. 将猪骨高汤加入调味料煮滚，盛入碗中备用。
3. 面条入开水中煮约3分钟，捞起沥干水分，放入碗中，再放上温泉蛋、叉烧肉、烧海苔、葱丝即可。

备注：叉烧肉片做法参考P231的叉烧拉面。

443 盐味拉面

材料 * Ingredient
家常面150克、鱼板3片、火腿肠1根、鲜香菇2朵、荷兰豆3根、市售芦笋干80克、熟蛋1/2个、鱼高汤500毫升

调味料 * Seasoning
盐1小匙

做法 * Recipe
1. 火腿肠对切；荷兰豆去蒂洗净并沥干水分，备用。
2. 将鱼高汤加入调味料一起煮滚，盛入碗中备用。
3. 面条放入开水中煮约3分钟，续放入做法1的材料、鲜香菇、鱼板、芦笋干、熟蛋即可。

鱼高汤
材 料：鱼骨1000克、鲢鱼尾2000克、鲫鱼1000克、水1000毫升、老姜200克、葱50克
做 法：
　　鱼骨及鱼肉用适量油煎至焦黄，放入汤锅中，加入其余材料以中火煮3小时即可。

444 酱油拉面

材料 ＊Ingredient
拉面··············150克
鱼板·················1片
菠菜··············40克
鲜香菇·············1朵
金针菇··········20克
火锅牛肉片·····80克
油豆腐············1/2块
鸡高汤······500毫升

调味料 ＊Seasoning
酱油············3大匙
米酒············2大匙
柴鱼片··········50克

做法 ＊Recipe
1.金针菇、鲜香菇、菠菜洗净沥干水分；菠菜切段，备用。
2.清高汤加米酒煮滚后，放入柴鱼片后熄火放30分钟，过滤去渣后加入酱油拌匀，盛入碗中，备用。
3.面条放入开水中煮约3.5分钟，加入火锅牛肉片、鱼板、油豆腐及做法1的材料一起煮滚，捞起沥干水分，盛入碗中即可。

445 叉烧拉面

材料 ＊Ingredient
拉面150克、梅花肉块600克、上海青3棵、鲜香菇1朵、鱼板3片、葱花5克、高汤500毫升

调味料 ＊Seasoning
盐1小匙

腌料 ＊Pickle
水80毫升、盐1/2小匙、味噌1大匙、糖1大匙、米酒1大匙、味醂2大匙、柴鱼片20克、姜片20克、葱段30克

做法 ＊Recipe
1.将腌料中的姜、葱、柴鱼片放入果汁机中，加水打碎后滤渣，盛入碗中，加入其余腌料拌匀，与梅花肉块放入塑料袋中包起，冷藏约10小时备用。
2.烤箱预热至180℃，将梅花肉块放入烤箱中烤约50分钟，取出以铝箔纸包好，静置约15分钟后切片，备用。
3.高汤加盐煮滚，盛入碗中备用。
4.面条入开水煮约3分钟，再于锅中放入上海青、鱼板、香菇一起略煮至熟，捞起沥干水分放入碗中，放上肉片，撒上葱花即可。

446 地狱拉面

材料 * Ingredient
拉面150克、叉烧肉片1
片、油豆腐2块、玉米笋
3根、金针菇20克、上海
青30克、麻辣汤500毫升

调味料 * Seasoning
盐1小匙

做法 * Recipe
1. 玉米笋、金针菇、上海青洗净并沥干水分；玉米笋洗净以斜刀对切，备用。
2. 麻辣汤加入调味料煮滚，盛入碗中备用。
3. 面条煮约3分钟后，放入做法1的材料及油豆腐煮熟，捞起沥干，放入碗中，再放上叉烧肉片即可。

备注：叉烧肉片做法参考P231的叉烧拉面。

麻辣汤

材料：
A 牛脂肪100克、牛骨2000克、鸡骨3000克、水1000毫升
B 洋葱30克、葱段3根、姜片30克、花椒3大匙、草果3粒、干辣椒6个、辣椒酱50克、辣豆瓣酱50克

做法：
　　牛脂肪洗净，放入干锅中干炸出油，放入材料B以小火炒5分钟，倒入汤锅中加入其余材料，以小火熬煮6小时即可。

447 味噌拉面

材料 * Ingredient
拉面…………150克
虾仁…………50克
小章鱼………30克
越前棒…………1根
泡发鱿鱼………80克
葱丝…………20克
豚骨高汤…500毫升

调味料 * Seasoning
A 盐…………1/4小匙
　米酒…………1小匙
　糖…………1/4小匙
B 味噌…………100克

做法 * Recipe
1. 鱿鱼洗净切花；越前棒对切，备用。
2. 虾仁、小章鱼洗净沥干水分备用。
3. 将味噌放入豚骨高汤中，再加入调味料A一起煮滚，放入做法1的材料、做法2的材料，一起煮滚后盛入碗中。
4. 面条入开水中煮约3分钟，捞起沥干水分，放入碗中，再放上葱丝即可。

448 正油拉面

材料 ＊ Ingredient
拉面110克、正油高汤600毫升、鲜虾2只、笋干适量、玉米粒适量、葱花适量、鱼板2片、海苔片2片、奶酪片2片

做法 ＊ Recipe
1. 将拉面放入沸水中煮熟，捞起沥干放入汤碗中。
2. 加入正油高汤，再加上烫过的鲜虾、烫过的笋干、玉米粒、葱花、鱼板。
3. 食用前再加上海苔片及奶酪片即可。

正油高汤
材料：
A 猪大骨1副、猪脚骨1副、鸡骨架1000克、鸡脚1000克
B 洋葱250克、葱250克、圆白菜300克、胡萝卜300克、葱150克、蒜头75克
C 水15000毫升、盐35克
做法：
1. 将材料A洗净，放入沸水中氽烫去血水，捞出洗净；材料B洗净，切大块备用。
2. 将做法1的材料与做法2的材料放入大锅中，加入材料C以中火煮3~4小时即可。

449 冲绳五花拉面

材料 ＊ Ingredient
五花肉块（带皮）1800克、 拉面110克（1碗分量）、红葱酥适量、葱花适量、红辣椒丝适量、冲绳高汤600毫升

调味料 ＊ Seasoning
盐30克、浓口酱油350毫升、冲绳黑糖45克、冲绳烧酒85毫升、水3800毫升

做法 ＊ Recipe
1. 五花肉块洗净，切成5厘米块状，放入卤汁中煮至软透；拉面烫熟捞起沥干，放入碗中。
2. 碗中放入五花肉块、红葱酥、冲绳高汤，再加入25毫升的卤汁，撒上葱花、红辣椒丝即可。

冲绳高汤
材料：
A 猪大骨1600克、鸡骨900克、水24000毫升
B 圆白菜300克、胡萝卜200克、洋葱120克、小鱼干60克
C 柴鱼80克、糖45克、味醂80毫升、盐60克、冲绳烧酒65毫升
做 法：
材料A煮至沸腾后捞除浮沫，再加入材料B以中小火煮约90分钟，再加入材料C以小火煮约2分钟后，熄火滤取汤汁即可。

450 什锦拉面

材料＊Ingredient
拉面150克、大骨浓
汤500毫升、鱼板3
片、猪肉片5片、蛤
蜊3个、墨鱼30克、
金针菇20克

调味料＊Seasoning
盐1/4小匙

做法＊Recipe
1.将拉面煮熟后捞起置于碗内备用。
2.猪骨浓汤以中火烧开后，加入其余材料及盐，
　续煮3分钟后盛入面碗中即可。

大骨浓汤
材　料： 猪大骨1000克、猪脚1个、鸡骨600
克、生姜1块、胡萝卜1/2个、洋葱1个、葱2
根、海带30克、香菇100克、水8000毫升
做　法：
　　将所有材料和冷水一起放入汤锅中，以中
火熬煮约4小时即可。

451 兰州拉面

材料＊Ingredient
宽面············200克
火锅牛肉片····100克
葱花·············1小匙
香菜·············适量
红辣椒片·········适量
水···········5000毫升

调味料＊Seasoning
A 盐·············1小匙
B 牛骨·······1000克
　碎牛肉·······300克
　鸡骨·········500克
　草果···········2粒
　桂皮··········15克
　花椒·········1小匙
　老姜·········20克

做法＊Recipe
1.将牛骨、鸡骨洗净，放入开水中汆烫后即捞
　起，以冷水洗净。
2.将做法1的材料加入其他全部调味料B和水，
　以小火煮约6小时后滤渣成高汤，加入盐煮匀
　成汤底。
3.宽面条放入开水中煮约3.5分钟，捞起沥干水
　分，加入做法2的汤底备用。
4.牛肉片洗净，放入开水中汆烫，捞起沥干水
　分，放入面中，再加上葱花即可。

备注：红辣椒片与香菜可依个人喜好添加。

452 泰式海鲜拉面

材料＊Ingredient
拉面150克、泰式酸辣汤500毫升、虾1只、蛤蜊2颗、鱿鱼30克、罗勒少许

调味料＊Seasoning
盐1/4小匙、糖1/4小匙、辣椒膏1小匙、香醋10毫升

做法＊Recipe
1.面先烫熟捞起，置于碗中备用。
2.将泰式酸辣汤煮开，加入所有材料（罗勒除外）及调味料，以中火煮约3分钟后熄火，倒入面碗中，再放上罗勒即可。

泰式酸辣汤
材　料：猪骨800克、虾壳300克、泰国辣椒3个、香茅3根、洋葱1个、西红柿2个、柠檬1个、辣椒膏3大匙、水3000毫升、香醋100毫升

做　法：
1.将猪骨烫过洗净备用。
2.将所有材料（香醋除外）放入汤锅中，以小火熬煮约2小时，最后再加入香醋即可。

453 肉骨茶拉面

材料＊Ingredient
肉骨茶汤头500毫升、拉面150克、熟排骨200克、油条1根

调味料＊Seasoning
盐1/2小匙

做法＊Recipe
1.肉骨茶汤头加调味料煮滚后备用，拉面烫熟捞起置于碗中备用。
2.取之前熬煮汤头中的熟排骨切小块、油条掰小块，铺于拉面上，淋上肉骨茶汤头即可。

肉骨茶汤头
材　料：猪大骨500克、排骨200克、蒜球1个、水3000毫升、肉骨茶药包1份、胡椒粒少许
做　法：
1.先将猪大骨、排骨氽烫过洗净。
2.再将做法1的材料与蒜球、肉骨茶药包、胡椒粒一起放入锅内，以小火熬煮约4小时即可。

454 鱿鱼汤拉面

材料 * Ingredient
拉面…………150克
金针菇…………20克
鱼露清汤…500毫升
鱿鱼……………50克
鱼板丝…………20克

调味料 * Seasoning
鱼露……………1小匙
盐………………少许
胡椒粉…………少许

做法 * Recipe
1. 将拉面、金针菇烫熟后捞起，置于碗内备用。
2. 将鱼露清汤煮开，加入鱿鱼、鱼板丝和调味料，再度煮滚后盛入面碗中即可。

鱼露清汤
材　料：鸡骨600克、色拉油30毫升、大地鱼40克、丁香鱼30克、虾米30克、洋葱丝1/4个、水2000毫升
做　法：
　　鸡骨洗净，用热油分别将大地鱼、丁香鱼、虾米以小火炸酥，加入洋葱炸至呈金黄色，所有材料一起放入汤锅内，加水以小火熬煮约2小时即可。

455 咖喱海鲜拉面

材料 * Ingredient
虾仁3只、鲷鱼片50克、蛤蜊4颗、洋葱20克、上海青20克、细拉面150克、高汤350毫升

调味料 * Seasoning
咖喱粉1/2小匙、盐1/2小匙

做法 * Recipe
1. 蛤蜊洗净加入冷水和少许盐（分量外）拌匀，静置使其吐沙。约2小时后，再重复上述做法换水1次，约2小时后洗净蛤蜊，沥干水分备用。
2. 洋葱洗净切丝；上海青洗净；鲷鱼片洗净切小片，加少许盐（分量外）抓匀腌渍约15分钟；虾仁洗净去肠泥，备用。
3. 备一锅滚沸的水，将细拉面煮熟捞起，放入面碗中备用。
4. 热锅，加入1小匙橄榄油（材料外）烧热，加入洋葱丝以小火炒约30秒，加入咖喱粉炒匀，倒入高汤煮沸后熄火，放入蛤蜊、做法2的其余材料及盐，煮至蛤蜊张开，倒入面碗内即可。

456 车仔面

材料 * Ingredient

广东生面1把、清高汤350毫升、鱼丸4粒、猪血1/3块、腐竹4个、姜末3克、蒜泥1/2小匙、红辣椒丝适量、葱丝适量

调味料 * Seasoning

盐1/4小匙、蚝油1小匙、辣豆瓣酱1小匙

做法 * Recipe

1. 猪血洗净切小方块，与腐竹、鱼丸汆烫捞起备用。
2. 热锅入1小匙色拉油，爆香姜末，加入辣豆瓣酱略炒，再加入清高汤及其余调味料煮匀。
3. 加入做法1的材料以小火煮约5分钟备用。
4. 面条放入开水中汆烫2分钟捞出过冷水，再涮一下热水即放入碗内，加入做法3的汤汁，撒上蒜泥、红辣椒丝、葱丝即可。

457 火腿蛋公仔面

材料 * Ingredient

泡面（非油炸面条）1包
土司火腿··············3片
鸡蛋··················1个
葱花··················3克
高汤··············300毫升

调味料 * Seasoning

盐··············1/2小匙
鸡粉············1/4小匙
胡椒粉··········1/8小匙

做法 * Recipe

1. 热锅，倒入1大匙色拉油，打入鸡蛋，煎成荷包蛋盛起。
2. 锅中放入火腿片煎至两面香脆，取出备用。
3. 锅中加水（分量可盖过泡面），放入泡面煮约2.5分钟，捞出沥干水分。
4. 将高汤煮滚，加入所有调味料煮匀，加入泡面略煮一下盛起，依序加入火腿片、荷包蛋，再撒入葱花即可。

458 椰子鱼汤拉面

材料 * Ingredient

油面150克、鲈鱼1条、蒜泥1小匙、红葱头末3克、洋葱碎30克、黄姜粉1小匙、香茅2根、冷冻南姜片5克、椰汁1罐、水400毫升

调味料 * Seasoning

盐1小匙

做法 * Recipe

1. 鲈鱼洗净去骨切小片，头骨剁小块；香茅洗净并沥干，拍破。
2. 热锅，倒入适量的色拉油，放入鱼骨煎焦后加水，以中火煮约20分钟，过滤去渣，备用。
3. 另热一锅，倒入适量色拉油，小火将蒜泥、红葱头末、洋葱碎炒至金黄，入黄姜粉略炒，再放鱼肉拌炒约2分钟。
4. 加香茅、南姜片及做法2的鱼骨汤中火煮10分钟；入椰汁再煮10分钟，放盐及煮熟的油面即可。

459 蛋花乌冬面

材料 ＊ Ingredient

乌冬面 ·········1小包
鸡蛋 ·············1个
萝卜缨 ··········适量
淀粉 ·············5克
水 ············50毫升

调味料 ＊ Seasoning

水 ············250毫升
味醂 ··········20毫升
淡色酱油 ·····18毫升
米酒 ···········5毫升
盐 ··············1克
柴鱼味精 ········1克

做法 ＊ Recipe

1. 将乌冬面条汆烫捞起、沥干；萝卜缨汆烫后，
   备用。
2. 鸡蛋打匀成蛋液备用。
3. 将调味料混合煮开，并把调味料、淀粉与水调
   匀后加入勾薄芡，将蛋液倒入成蛋花状。
4. 取一碗，放入乌冬面条，把蛋花轻轻倒入，最
   后摆上萝卜缨即可。

460 泡菜乌冬面

材料 ＊ Ingredient

乌冬面 ·········1小包
牛蒡丝 ·········20克
五花薄肉片 ·····50克
胡萝卜片 ········1片
香菇 ············1朵
泡菜 ··········100克
豆腐 ·········1/4块
水 ············250毫升
葱丝 ············少许

调味料 ＊ Seasoning

味噌 ··········20毫升
酱油 ·········1小匙
米酒 ·········1大匙
香油 ·········1大匙

做法 ＊ Recipe

1. 将所有调味料材料混合；乌冬面条汆烫捞起、
   沥干；五花薄肉片洗净切段；胡萝卜洗净切花
   形，备用。
2. 热一铁碗锅，倒入适当香油烧热，放入五花肉片
   以中火炒至变色，再放入牛蒡丝、泡菜拌炒后，
   加入水煮开后再放入香菇、豆腐、乌冬面。
3. 锅中加入做法1的调味料续煮，撒上少许葱丝
   即可。

461 海鲜乌冬面

材料 * Ingredient
乌冬面150克、清高汤350毫升、香菇1朵、虾仁3只、蛤蜊6个、鱼板3片、小章鱼6只、越前棒1根、荷兰豆4条、玉米笋1根、鸡蛋1个、洋葱丝15克、柴鱼片15克

调味料 * Seasoning
盐1/2小匙、胡椒粉1/4小匙、米酒1小匙

做法 * Recipe
1.将清高汤煮滚后熄火，加入柴鱼片，静置20分后过滤去渣备用。
2.虾仁、小章鱼、玉米笋、香菇洗净放入开水中汆烫，捞起过冷水备用。
3.取一汤锅，倒入做法1的汤底煮滚后，放入乌冬面，再将做法2的所有材料及蛤蜊、鱼板、越前棒、洋葱丝，依序放入锅中以小火煮约3分钟，加入所有调味料，打入鸡蛋即可。

462 山药乌冬面

材料 * Ingredient
乌冬面	1小包
海苔片	1/4片
生蛋黄	1个
山药泥	少许
水	400毫升

调味料 * Seasoning
A	味醂	30毫升
	酱油	20毫升
	米酒	5毫升
	盐	1克
B	柴鱼粉	2克

做法 * Recipe
1.将乌冬面条汆烫捞起、沥干备用。
2.取一汤锅将水和调味料A放入，煮至开后加入调味料B拌匀熄火。
3.乌冬面条放入碗中，先铺上海苔片，再小心淋上做法2的汤汁，小心铺上山药泥，最后摆上生蛋黄即可。

463 亲子煮乌冬面

材料 ＊ Ingredient
鸡腿…………1/2个
（100克）
乌冬面…………1小包
日本三角油豆腐·1片
沙拉笋…………30克
葱丝……………适量
海苔丝…………适量
鸡蛋……………2个
水…………100毫升

调味料 ＊ Seasoning
A 味醂………25毫升
　酱油………30毫升
　米酒………15毫升
B 柴鱼素……1/3小匙

做法 ＊ Recipe
1. 乌冬面条汆烫捞起、沥干盛碗备用。
2. 鸡腿肉洗净、切块；沙拉笋洗净切丝状；鸡蛋打散，备用。
3. 将水和调味料A混合煮开，放入调味料B即熄火备用。
4. 取一浅盘汤锅，放入乌冬面条、做法2的材料及做法3的材料煮约2分钟，再放入葱丝，轻轻倒入蛋液煮至呈半熟状，撒上海苔丝即可。

464 海鲜炒乌冬面

材料 ＊ Ingredient
乌冬面200克、牡蛎50克、墨鱼60克、虾仁50克、鱼板2片、鱿鱼50克、葱（切段）1根、蒜泥5克、红辣椒片少许、高汤100毫升

调味料 ＊ Seasoning
盐少许、鲜味露1大匙、蚝油1小匙、鸡粉1/2小匙、米酒1小匙、胡椒粉少许

做法 ＊ Recipe
1. 牡蛎洗净；虾仁洗净，背部轻划一刀、去肠泥；墨鱼、鱿鱼洗净，切纹路再切小片；鱼板切小片备用。
2. 热锅，加入2大匙色拉油，放入蒜泥和葱白部分爆香后，加入做法1的所有海鲜材料快炒至八分熟。
3. 锅内加入高汤、所有调味料一起煮滚后，再加入乌冬面与葱绿部分、红辣椒片拌炒入味即可。

465 咖喱炒乌冬面

材料 ＊ Ingredient
乌冬面150克、吐司火腿3片、蒜泥3克、虾仁50克、洋葱30克、绿豆芽20克、鸡蛋丝15克、青椒20克、红甜椒20克、水1/4碗

调味料 ＊ Seasoning
盐1/2小匙、鸡粉1/4小匙、咖喱粉1小匙

做法 ＊ Recipe
1. 青椒、红甜椒、洋葱洗净切丝；火腿切丝；绿豆芽洗净，沥干水分；虾仁放入开水中汆烫至熟，捞出并沥干水分，备用。
2. 热锅，放入2大匙色拉油，加入蒜泥、咖喱粉以小火略炒，再放入做法1的材料，转大火炒约1分钟。
3. 加入乌冬面，转中火炒约2分钟，加入水、其余调味料续炒3分钟，撒上鸡蛋丝即可。

466 干炒牛肉乌冬面

材料 ＊ Ingredient
洋葱丝	50克
胡萝卜丝	30克
韭黄段	20克
绿豆芽	20克
乌冬面	200克
牛肉丝	100克

调味料 ＊ Seasoning
蚝油	1小匙
生抽	1小匙
糖	1/2小匙

做法 ＊ Recipe
1. 将乌冬面放入开水中烫热，捞出沥干水分。
2. 锅中倒入20毫升色拉油烧热，放入牛肉丝、洋葱丝以大火略炒，至有香味散出时加入乌冬面。
3. 续炒约2分钟后，加入绿豆芽、胡萝卜丝与所有调味料再炒约1分钟，最后加入韭黄段拌匀即可。

467 酱油味奶油炒乌冬面

材料 * Ingredient

乌冬面………1小包
奶油…………1大匙
罗勒叶…………2片

调味料 * Seasoning

酱油…………1/2大匙
味酥…………1/2大匙
米酒…………2大匙
盐…………少许
胡椒粉…………少许
色拉油……1/2大匙

做法 * Recipe

1. 罗勒叶洗净后切丝备用。
2. 将乌冬面条汆烫捞起、沥干备用。
3. 热一锅，加入奶油至融化，放入乌冬面条拌炒。
4. 锅中依序加入调味料，充分拌炒入味后熄火，撒上罗勒叶丝再略炒一下即可。

468 日式炒乌冬面

材料 * Ingredient

洋葱丝50克、胡萝卜丝30克、芦笋段40克、绿豆芽20克、乌冬面200克、牛肉丝100克

调味料 * Seasoning

蚝油1小匙、生抽1小匙、糖1/2小匙、色拉油 20毫升

做法 * Recipe

1. 将乌冬面放入开水中烫热，捞出沥干水分。
2. 锅中倒入色拉油烧热，放入牛肉丝、洋葱丝以大火略炒，至有香味散出时加入乌冬面。
3. 续炒约2分钟后加入绿豆芽、胡萝卜丝、芦笋段与所有调味料，再炒约1分钟即可。

469 和风炒面

材料 ＊Ingredient
乌冬面1小包、猪五花薄肉片（切段）60克、洋葱（切丝）1/3个、圆白菜片80克、青椒丝40克、黄甜椒丝40克、红甜椒丝40克

调味料 ＊Seasoning
水3大匙、柴鱼酱油1大匙

做法 ＊Recipe
1.乌冬面氽烫后捞起、沥干，备用。
2.热锅，加入适量色拉油，放入猪肉片炒至上色，再依序加入洋葱丝、圆白菜片、青椒丝、黄甜椒丝、红甜椒丝略炒均匀。
3.锅中续加入乌冬面，再加入所有调味料充分拌炒均匀入味即可。

470 韩国炒码面

材料 ＊Ingredient
家常面150克、猪肉片50克、虾仁50克、洋葱30克、韭菜30克、黄豆芽30克、蒜泥1/2小匙、韩国辣椒粉1大匙、水300毫升

调味料 ＊Seasoning
酱油1大匙、盐1/2小匙、米酒1小匙、糖1/2小匙

腌料 ＊Pickle
盐1/2小匙、米酒1/2小匙、胡椒粉1/4小匙、淀粉1/2小匙

做法 ＊Recipe
1.家常面放入开水中烫15分钟，捞出摊凉、剪短；猪肉片加入腌料拌匀；虾仁搓盐冲水沥干；洋葱洗净切片；韭菜洗净切段，备用。
2.取锅烧热后，倒入1.5大匙色拉油，放入洋葱片、蒜泥与韩国辣椒粉拌炒，放入腌猪肉片炒至变白，再放入虾仁、黄豆芽略炒。
3.锅内加水与所有调味料，放入剪短的家常面，以小火炒至汤汁略干，放入韭菜段拌匀即可。

471 咖喱炒面

材料 ✳ Ingredient
细面·············· 250克
鸡腿肉··········100克
洋葱·············· 40克
青椒·············· 20克
红甜椒 ········· 30克
蒜泥·············· 1小匙
咖喱粉··········1大匙

调味料 ✳ Seasoning
盐·············· 1小匙
糖·············· 1/2小匙

腌料 ✳ Pickle
盐·············· 1/2小匙
淀粉·············· 1/2小匙

做法 ✳ Recipe
1. 鸡腿肉洗净切条放入腌料；洋葱洗净切末；青椒、红甜椒洗净切丝，备用。
2. 取锅烧热，倒入1.5大匙色拉油，放入蒜泥与洋葱碎，以小火炒至棕色后，加入咖喱粉炒2分钟。
3. 锅内放入腌鸡肉条炒2分钟，加入细面及所有调味料，以中火炒3分钟，最后加入青椒丝与红甜椒丝快炒2分钟即可。

472 参巴酱炒面

材料 ✳ Ingredient
油面·············· 200克
虾仁·············· 50克
新鲜鱿鱼丝 ····· 50克
猪肉丝·········· 30克
洋葱·············· 1/4个
姜末·············· 1小匙
泰式香茅碎 ····· 1小匙
蒜苗丝·········· 适量

调味料 ✳ Seasoning
A 参巴酱 ······· 2小匙
　是拉差辣椒酱1大匙
B 高汤 ······· 200毫升
　炒面酱 ······· 2大匙
　番茄酱 ······· 1大匙
　糖 ······· 2小匙
C 柠檬汁 ······· 1小匙

做法 ✳ Recipe
1. 将虾仁及鱿鱼丝放入沸水中氽烫后，捞起沥干；洋葱洗净去皮切丝备用。
2. 热油锅，以小火爆香洋葱丝、姜末及泰式香茅碎，加入调味料A炒香，转中火，再加入猪肉丝及虾仁、鱿鱼丝快炒数下，放入调味料B以大火煮至滚，再加入油面拌炒至汤汁收干后盛盘，撒上蒜苗丝并滴上柠檬汁拌匀即可。

473 马来炒面

材料 ＊ Ingredient
黄油面250克、虾仁
80克、洋葱30克、
蒜泥5克、红葱头
末5克、上海青50
克、西红柿1/2个、
虾米15克、水1/2碗

调味料 ＊ Seasoning
蚝油1大匙、番茄酱1.5
大匙、糖1小匙、辣椒
酱1大匙

做法 ＊ Recipe
1. 洋葱、西红柿分别洗净、切块；上海青洗净，
   沥干水分，切小段；虾米洗净，沥干水分，切
   碎；虾仁放入开水中汆烫至熟，捞出沥干水
   分，备用。
2. 热锅，放入2大匙色拉油，加入蒜泥、红葱头
   末及虾米，一起以小火炒至干香，加入辣椒酱
   以小火炒1分钟。
3. 加入黄油面转中火炒约2分钟，再加入水、其他
   材料及其余调味料，以小火炒汤汁收干即可。

474 肉丝炒面

材料 ＊ Ingredient
油面…………… 200克
猪肉丝 ………100克
韭黄段 ……… 30克
绿豆芽 ……… 50克
蒜泥…………… 2小匙

调味料 ＊ Seasoning
A 虾酱 ………2小匙
　香油 ………… 少许
B 高汤 …… 120毫升
　老抽 ………1小匙
　鱼露 ………1大匙
　鸡粉 ………1小匙
　糖…………… 1小匙

做法 ＊ Recipe
1. 热油锅，放入蒜泥及虾酱以小火爆香，再放入
   猪肉丝炒散。
2. 接着加入油面及调味料B，以大火炒至汤汁快
   收干时，再放入韭黄段及绿豆芽炒匀，起锅前
   滴入香油拌匀即可。

475 印尼沙嗲炒面

材料 * Ingredient
泡面2块、牛肉碎80克、红甜椒20克、青椒30克、西芹30克、胡萝卜20克、葱花20克、水150毫升

调味料 * Seasoning
沙嗲酱1大匙、咖喱粉1/2小匙、花生酱1.5小匙、蚝油1大匙、盐1/4小匙、糖1/2小匙

腌料 * Pickle
酱油1小匙、糖1/4小匙、水2大匙、淀粉1小匙、米酒1/2小匙、胡椒粉1/4小匙

做法 * Recipe
1. 泡面放入开水中，烫约3分钟捞出摊凉；牛肉碎加入腌料拌匀静置30分钟；红甜椒、青椒、西芹、胡萝卜洗净切小丁。
2. 取锅烧热，倒入1大匙色拉油，放入腌牛肉碎炒至变白，放入青椒丁、红甜椒丁、西芹丁与胡萝卜丁及咖喱粉略炒，加入水及所有调味料，最后放入泡面，以小火拌炒2分钟即可。

476 印尼羊肉炒面

材料 * Ingredient
油面500克、羊肉120克、油4大匙、洋葱1个、上海青4棵、豆干3块、鸡蛋3个、青椒2个、西红柿2个

调味料 * Seasoning
番茄酱4大匙、辣椒酱2大匙、淡色酱油2大匙、酱油1大匙、胡椒粉少许

腌料 * Pickle
淡色酱油1小匙、酱油1/2小匙、胡椒粉少许

做法 * Recipe
1. 将羊肉洗净切薄片；洋葱洗净切丝；豆干切丁；青椒、西红柿洗净切片，备用。
2. 将羊肉片加入腌料中，腌3~5分钟备用。
3. 热锅，炒香洋葱丝，加入上海青和豆干丁炒匀，再放入油面、调味料拌炒。
4. 炒至面稍干时，打入鸡蛋，迅速拌匀，加入青椒片和西红柿片炒匀即可。

备注：食用时可依个人喜好，另外放入葱花、红辣椒片和金橘汁享用。

477 泰国辣炒通心面

材料＊Ingredient
斜管面100克、蛤蜊6个、墨鱼50克、虾仁30克、圆白菜丝40克、蒜泥1/2小匙、葱2根、粗辣椒粉1小匙、罗望子酱1小匙、水150毫升

调味料＊Seasoning
泰国辣椒膏1小匙、鱼露1小匙、蚝油1小匙、糖1小匙

做法＊Recipe
1. 斜管面放入开水中，煮约8分钟捞出放凉；蛤蜊吐沙洗净；墨鱼洗净切花；虾仁搓盐冲水洗净，葱洗净切段；备用。
2. 取锅烧热后，倒入1.5大匙色拉油，放入蒜泥与葱段爆香，再放入粗辣椒粉略炒。
3. 锅内放入蛤蜊、墨鱼与虾仁略炒，加圆白菜丝、水及所有调味料及罗望子酱，放入烫熟的斜管面，以大火炒至汤汁收少即可。

478 泰国酸辣鸡肉面

材料＊Ingredient
意大利面100克、鸡胸肉150克、青椒60克、红甜椒50克、葱1根、洋葱1/4个、腰果50克

调味料＊Seasoning
A 高汤150毫升、泰国酸辣酱3小匙、鱼露2大匙、糖1小匙、泰式香茅碎1小匙
B 蛋清1/2个、淀粉1小匙

做法＊Recipe
1. 将意大利面放入加有1小匙盐的沸水中，煮约5分钟至九分熟，捞起沥干备用。
2. 鸡胸肉洗净，切成细条状，以调味料B抓拌均匀；青椒、红甜椒洗净切粗丝；葱及洋葱洗净切末；腰果用低温油炸熟备用。
3. 热油锅，放入葱花、洋葱碎及香茅碎以小火炒香，转中火，放入鸡肉条快炒数下，再加入调味料A以大火煮至滚，放入意大利面及青椒丝、红甜椒丝，炒至汤汁收干后盛盘，撒上腰果即可。

479 新加坡淋面

材料 ＊ Ingredient
鸡蛋面(细)······150克
虾············ 80克
叉烧肉丝········ 50克
香菇丝········· 20克
绿豆芽········· 50克
鸡蛋············1个
葱··············2根
香菜··········· 少许

调味料 ＊ Seasoning
A 高汤·······250毫升
蚝油··········1大匙
老抽··········1小匙
酱油··········2小匙
糖············1小匙
白胡椒粉······ 少许
B 淀粉········ 1.5小匙
水·········· 15毫升
C 香油·········· 少许

做法 ＊ Recipe
1. 鸡蛋面放入沸水中煮熟，捞起沥干盛盘；将虾去头留尾并剥除虾身的壳，以沸水汆烫后捞起沥干备用。
2. 将鸡蛋打散成蛋液，放入烧热的油锅中煎成薄蛋皮，盛起并切丝备用。
3. 葱洗净切丝；调味料B调匀成水淀粉，备用。
4. 热油锅，以小火爆香葱丝，转中火，加入虾、叉烧肉丝及香菇丝快炒数下，再加入调味料A以大火煮至滚，加入绿豆芽略炒并以水淀粉勾芡，起锅前滴入香油拌匀，淋在面上，撒上鸡蛋丝及香菜即可。

480 火龙果凉拌虾仁面

材料 ＊ Ingredient
火龙果 ··········2个
日式拉面·······适量
虾仁············ 80克

调味料 ＊ Seasoning
糖·········· 1/6小匙
红辣椒······ 1/4小匙
胡椒盐······ 1/4小匙
蒜泥·········· 1/2小匙
橄榄油···········1小匙
酱油········· 15毫升
芝麻酱···········1小匙

做法 ＊ Recipe
1. 火龙果开边取出果肉，切小块，果壳留着备用。
2. 日式拉面放入热水中煮10分钟，取出沥干后放入火龙果壳中。
3. 将虾仁炸熟后沥干，与所有调味料拌匀，然后淋在面条上，加入火龙果肉即可。

481 荞麦凉面

材料＊Ingredient
荞麦面80克、海苔丝少许、萝卜泥50克、熟白芝麻少许

调味料＊Seasoning
日式凉面蘸酱1小碗

做法＊Recipe
1. 荞麦面入沸水中，以小火煮6分钟即捞起。
2. 将荞麦面泡入冰水中至冷后捞起，再以凉开水将荞麦面条上的黏液冲洗净后，再沥干水分。
3. 取一盘，将荞麦面置于盘中间，撒上海苔丝、白芝麻，最后放上萝卜泥，食用时蘸日式凉面蘸酱即可。

日式凉面蘸酱
材 料： 水50毫升、鲣鱼酱油20毫升、味醂2小匙、柴鱼片1大匙、海带20克
做 法：
1. 取汤锅，放入冷水与海带，煮至滚沸，将海带捞起，汤汁仍保留，再将柴鱼放至汤中煮约1分钟熄火，盖上锅盖闷5分钟，滤掉柴鱼片。
2. 倒入酱油、味醂及糖至汤中，以小火煮开即为日式凉面蘸酱。

482 和味萝卜泥凉面

材料＊Ingredient

熟面	150克
白萝卜	150克
姜	30克
柴鱼片	5克
白芝麻	3克
海苔	1片

调味料＊Seasoning

酱油	1小匙
白醋	1/2小匙
糖	1小匙
盐	1/4小匙

做法＊Recipe
1. 白萝卜洗净、去皮；海苔用手撕成丝，备用。
2. 将白萝卜用磨泥器磨成泥状。
3. 取一碗，加入白萝卜泥及所有调味料搅拌均匀备用。
4. 把姜用磨泥器磨成泥状，加入碗中拌匀。
5. 将白芝麻、柴鱼片放入碗中拌匀，即为和味萝卜泥。
6. 食用前直接将和味萝卜泥直接淋在熟面上，放上海苔丝即可。

483 月见冷面

材料 ＊Ingredient
山芋面80克

调味料 ＊Seasoning
月见蘸酱1小碗

做法 ＊Recipe

1. 取一汤锅，待水煮至滚沸后放入山芋面，烫熟捞起备用。
2. 将山芋面泡冷水至冰凉捞起沥干备用。
3. 取一盘，放上山芋面条，食用时蘸上月见蘸酱即可。

月见蘸酱

材 料： 山药50克、蛋黄1个、盐1/4匙、海苔丝少许

做 法：
用磨泥器将山药磨成泥状置入碗中，加入盐拌匀后放上蛋黄和海苔丝即可。

484 味噌蘸酱面

材料 ＊Ingredient

乌冬面	1000克
海苔丝	适量
葱花	适量
七味粉	适量
水	100毫升

调味料 ＊Seasoning

A	柴鱼素	1/5小匙
	味醂	25毫升
	酱油	15毫升
B	白味噌	20克
	蛋黄酱	15克
	芝麻酱	15克
	白醋	10毫升

做法 ＊Recipe

1. 将水和调味料A混匀，以中火煮开，放凉后与所有材料B调和均匀备用。
2. 将乌龙面放入开水中烫熟，捞起备用。
3. 将面盛入容器中，放上海苔丝，另用器皿盛装做法1的蘸酱汁，食用时蘸取酱汁，搭配葱花、七味粉享用即可。

485 流水素面

材料＊Ingredient
A 日式素面3把
B 鸡蛋2个、米酒1/2大匙、盐适量、味精适量、淀粉1/2小匙

蘸料＊Seasoning
A 柴鱼高汤300毫升、黑芝麻少许、酱油4大匙、味醂2大匙、清酒2大匙、糖5大匙、盐适量
B 萝卜泥适量、芥末酱适量、姜泥适量、蛋黄1个

做法＊Recipe
1. 将日式素面放入沸水中煮熟，捞出放入冰水中浸凉，再捞出沥干，缠成麻花状排盘。
2. 热一锅加入适量的油，将材料B混合打匀成蛋液后，倒入锅中煎成蛋皮，将蛋皮切成丝状，摆在素面上。
3. 热一干锅，将黑芝麻炒熟，再磨成芝麻粉与柴鱼高汤、酱油、味醂、清酒、糖、盐混合均匀成蘸酱后，取小碗酱料加入蘸料中的蛋黄。
4. 食用时将蘸料中的其余材料加入做法3的蘸酱中拌匀，再将日式素面蘸取蘸酱食用即可。

486 夏日豪华冷面

材料＊Ingredient
A 日式素面1把、鲜虾2只、鳗鱼片1片、香菇2朵、小黄瓜1条、黑芝麻少许
B 鸡蛋3个、米酒1大匙、盐适量、淀粉1小匙

调味料＊Seasoning
A 酱油150毫升、味醂2大匙、糖3大匙
B 萝卜泥适量、芥末酱适量、姜泥适量
C 酱油1大匙、味醂1大匙、米酒3大匙
D 海带汁200毫升、香菇汁6大匙、酱油2大匙、糖2大匙

做法＊Recipe
1. 将日式素面放入沸水中煮熟，捞入冰水中冰凉，沥干摆盘备用。
2. 热锅，加入适量的色拉油，将材料B混合打匀成蛋液，煎成蛋皮切成细丝，摆在素面上。
3. 热锅，黑芝麻炒熟，再磨成粉与调味味A混合。
4. 鳗鱼片放入调味料C中煮至入味；香菇放入调味料D中煮至入味；小黄瓜洗净切片；鲜虾去肠泥、壳烫熟，全放在做法2的盘中，食用时将做法3的材料与调味料B拌匀，将素面蘸取酱汁即可。

487 鲜虾细面

材料 * Ingredient
鲜虾····················4只
银丝细面··········80克
三文鱼卵··········适量
西蓝花·············4朵
老姜····················2片

调味料 * Seasoning
鸡油···············适量
胡椒盐··········适量

做法 * Recipe
1.鲜虾洗净挑去肠泥，放入开水中加入少许的盐
   （材料外）及姜片，煮至鲜虾熟，捞出待凉剥壳
   （留尾），并剖半但不切断。
2.银丝细面放入沸水中煮软捞出，加入调味料拌
   匀，用叉子将细面旋绕成4等份的球状。
3.西蓝花洗净放入沸水中煮熟，捞出备用。
4.于细面上放上鲜虾、西蓝花及三文鱼卵即可。

488 抹茶鸡丝凉面

材料 * Ingredient
熟面··············200克
熟鸡胸肉········80克
凉开水········30毫升

调味料 * Seasoning
熟白芝麻··········3克
海苔粉·············8克
抹茶粉·············2克
蛋黄酱·········2大匙
盐···············1/4小匙

做法 * Recipe
1.取一盘，先将熟面放入盘中，再将熟鸡胸肉撕成
   鸡丝，铺在熟面上备用。
2.取一碗，放入熟白芝麻、海苔粉、抹茶粉、蛋黄
   酱、盐和凉开水全部搅拌均匀，直接淋在面上，
   再加上个人喜爱的配料即可。

489 韩式冷汤面

材料 * Ingredient

荞麦面 …………1人份
牛高汤 ……300毫升
韩国辣椒粉 ……1大匙
牛肉片 …………5片
冰块 ……………1杯
海带芽 …………少许
辣萝卜干 ………少许
小黄瓜丝 ………少许
白芝麻 …………1大匙

做法 * Recipe

1. 将荞麦面烫熟、冲凉，放在碗中；海带芽泡软，备用。
2. 牛高汤冰凉后，捞除表面油脂再加热，并放入韩国辣椒粉调味。
3. 待牛高汤煮滚，将牛肉片放入烫熟后熄火，倒入另1个碗中，放入冰块降温待凉，再放入荞麦面、海带芽、辣萝卜干、小黄瓜丝及白芝麻即可。

490 韩式凉面

材料 * Ingredient

韩式荞麦干面150克、小黄瓜丝50克、胡萝卜丝50克、韩式泡菜50克、苹果1/2个、熟蛋1/2个

调味料 * Seasoning

韩式辣酱2大匙、糖1小匙、凉开水45毫升、蒜泥3克、酱油1大匙

做法 * Recipe

1. 小黄瓜丝、胡萝卜丝冲水复脆，沥干水分；苹果洗净去皮去核切片，备用。
2. 面条放入开水中以小火煮约3分钟，捞起放至水龙头下不断冲洗，待洗去表面黏液后即沥干水分，再放入冰块水中冰镇备用。
3. 韩式辣酱加凉开水拌匀后，再加入其他调味料拌匀备用。
4. 将面条捞起沥干水分后放入碗中，加入做法1的材料、熟蛋及泡菜后，拌入做法3的辣酱即可。

491 泡菜油醋凉面

材料 ∗ Ingredient
熟面…………200克
韩国泡菜……100克
凉开水………50毫升

调味料 ∗ Seasoning
水果醋…………1小匙
橄榄油…………1小匙
酱油…………1/2小匙
糖………………1大匙

做法 ∗ Recipe
1. 将韩国泡菜剁碎备用。
2. 取一碗，加入碎韩国泡菜、凉开水及所有调味料搅拌均匀，即为泡菜油醋酱。
3. 食用前将泡菜油醋酱直接淋在熟面上，再加上个人喜爱的配料即可。

492 泰式凉面

材料 ∗ Ingredient
熟凉面150克、小黄瓜丝50克、胡萝卜丝50克、红辣椒末10克、蒜泥10克、猪肉丝30克

调味料 ∗ Seasoning
水45毫升、盐1/4小匙、鱼露1小匙、白醋2大匙、糖3大匙、番茄酱2大匙、新鲜柠檬汁2大匙、水淀粉1大匙

做法 ∗ Recipe
1. 小黄瓜丝、胡萝卜丝冲水复脆后沥干水分；猪肉丝洗净放入开水中汆烫后放凉，备用。
2. 热锅，加入蒜泥、红辣椒末以小火略炒，即加入水及所有调味料，以小火煮匀，加入水淀粉勾芡放凉。
3. 面盛入盘中，放上做法1的材料，再淋上做法2凉面酱即可。

493 青木瓜虾味酱凉面

材料 ✳ Ingredient
熟面············ 200克
青木瓜·········1/4个
虾米·············· 30克
柠檬·················2个
洋葱碎···········15克
胡萝卜丝········ 20克
盐··················1小匙

调味料 ✳ Seasoning
日式凉面蘸酱··· 1小碗
（做法参考P249）
色拉油·············少许

做法 ✳ Recipe
1. 青木瓜洗净去皮、刨成粗丝，用盐腌约20分钟，再用凉开水冲约15分钟后沥干备用。
2. 虾米洗过，泡水约15分钟，取出切碎；柠檬榨汁，过滤去籽备用。
3. 取一炒锅，热少许油，放入碎虾米，以小火炒约5分钟至汤汁收干后，起锅备用。
4. 洋葱碎与碎虾米、柠檬汁、青木瓜丝一起用手抓匀，腌约10分钟至入味，即为青木瓜虾味酱。
5. 取一盘，先将熟面放入盘中，淋上青木瓜虾味酱拌匀，再撒上胡萝卜丝即可。

494 韩式辣拌面

材料 ✳ Ingredient
火锅肉片120克、小黄瓜2个、银丝细面适量、熟白芝麻适量、巾售韩式泡菜适量

调味料 ✳ Seasoning
A 韩式辣椒酱20克、糖10克、香油5毫升、白醋5毫升
B 酱油12毫升、米酒12毫升、糖8克
C 盐3克、香油5毫升

做法 ✳ Recipe
1. 热一锅倒入适量的油，放入火锅肉片与调味料B拌匀炒熟备用。
2. 小黄瓜洗净切薄片，与盐拌匀至软后，以冷水洗净，加入香油拌匀。
3. 银丝细面放入沸水中煮软，捞出用凉开水洗去黏液，加入与调味料A拌匀。
4. 加上炒过的白芝麻、市售韩式泡菜、肉片及小黄瓜片即可。

图书在版编目（CIP）数据

做饭做面轻松就上手 / 生活新实用编辑部编著 . --
南京 : 江苏凤凰科学技术出版社，2020.5
　ISBN 978-7-5537-6294-4

　Ⅰ . ①做… Ⅱ . ①生… Ⅲ . ①食谱 Ⅳ .
① TS972.12

中国版本图书馆 CIP 数据核字 (2019) 第 213777 号

做饭做面轻松就上手

编　　　著	生活新实用编辑部	
责 任 编 辑	陈　艺	
责 任 校 对	杜秋宁	
责 任 监 制	方　晨	

出 版 发 行	江苏凤凰科学技术出版社	
出版社地址	南京市湖南路 1 号 A 楼，邮编：210009	
出版社网址	http://www.pspress.cn	
印　　　刷	天津丰富彩艺印刷有限公司	

开　　　本	718 mm×1 000 mm　　1/16	
印　　　张	16	
插　　　页	1	
字　　　数	240 000	
版　　　次	2020年5月第1版	
印　　　次	2020年5月第1次印刷	

标 准 书 号	ISBN 978-7-5537-6294-4	
定　　　价	45.00元	

图书如有印装质量问题，可随时向我社出版科调换。